貓咪的
第一本遊戲書

坂崎清歌、青木愛弓／著
何姵儀／譯

即使是狹窄的縫隙與落差也好奇不已。誰叫我這麼愛冒險呢。

玩累了，就和喜歡的玩具一起閉目養神，儲備能量。

瓦楞紙箱也是一個非常棒的藏身之處。提高警覺，眼觀四面、耳聽八方，察看周圍有無異常！

發現獵物！明知那是兄
弟的尾巴，卻還是忍不
住蠢蠢欲動♡

想睡又想玩！
拋拋媚眼暗示主人陪我
玩吧。

按下響片，拿出零食，
這就是等等要玩遊戲的
暗示♪

一天的練習從擊掌開始。
今天也要一起玩喔！喵～

上下跳躍，東鑽西躲，遊
戲前的暖身運動做好了！

兩眼盯著最喜歡的玩具不放！可得留意動靜，好好訓練狩獵技巧才行呢。喵～

用牙刷刷額頭好像很舒服，是不是上癮了呀!?

飼主的懷抱是頭等席。讓
人擁在懷裡是最幸福的時
刻了，喵～♡

在一起的時間就是玩樂時
間。好興奮喔，等一下要玩
什麼呢？

今天要玩什麼呀？掛臂撒
嬌變厲害了，是吧？

CONTENTS

前言

文：坂崎清歌

　　本書介紹能夠與貓咪開心溝通的暗示與點子。透過運用書中內容，大家能夠在與貓咪同樂玩耍的過程當中，順便學習對現實生活有所助益的溝通方式。而身為溝通對象的貓咪，是飼養於室內的家貓。有些人飼養的貓咪或許不太親人，因此我也設計了一些可以試著挑戰的項目，好讓這些飼主能夠慢慢地與貓咪熟稔起來。而已經能夠與家裡的貓咪融洽相處的飼主，如果可以參考本書提供的遊戲與貓咪一同玩耍的話，相信彼此之間的關係會更加親密。

　　希望貓咪親人為何要透過訓練？或許你會覺得貓咪本來就是慵懶自由的動物，即使不聽人話，光是躺在那裡就令人憐惜不已，談什麼訓練呀！貓咪又不是那種會聽從人類一個指令一個動作的生物，只要牠們肯待在自己身旁，就已經讓人心滿意足。

　　但是這麼可愛的貓咪如果生病了，你會怎麼辦呢？為了貓咪好，即使牠拚命抵抗，還是把牠硬塞進籠子裡、抓住牠把藥灌下去……你是不是都這麼做呢？人家明明玩得很開心，你是不是會突然把牠抓來剪指甲、梳毛、刷牙呢？貓咪還小的時候，我們往往會用強迫的方式來處理這些事情。雖說可以這樣，但是這麼做，好嗎？

再陪我玩一下嘛！

響片是貓咪與人類一邊同樂一邊溝通的工具之一。

有玩耍有休息，這種適當安排節奏的日子才能夠讓貓咪的生活更有朝氣。

我家的寶貝貓咪在接受我的訓練以前，餵牠吃藥就像打仗，我一個人根本無法讓牠乖乖吃藥，一定要和丈夫兩人合力行動。為了避免貓咪抓狂，還得先用毛巾把牠壓制住，然後硬把牠的嘴巴掰開，再把藥灌進去。正想著好不容易讓牠把藥吞下去了，不料牠竟然像螃蟹吐泡泡般，把藥吐了出來……這樣的狀況層出不窮。幫牠剪爪子時也是一樣，一直以為只要壓住牠趕快剪完就行了。

利用輕鬆的遊戲來模擬點藥，讓貓咪稍微體驗一下，這樣能夠減輕牠們的壓力。

　　可是有一天，我卻得知其實人類可以與貓咪一起練習這些事。最初我和貓咪一起練習的，是所謂的「才藝」。不過我想很多愛貓人士應該「不想做這種小事」。但就是「這種小事」，做起來才有意義。坦白說，在進行那些能夠讓貓咪乖乖接受各種照顧的訓練時，還是有點困難，這個部分在本書的後半部也會介紹。想要熟能生巧，就得練習。透過從「這種小事」開始練習，就算學不上手而宣告失敗，也不會在彼此心中留下痛苦的回憶。畢竟對貓咪而言，不過是獲得好吃的零食，對你來說，則是大不了放棄那個遊戲項目，另尋他法。此外，不管什麼事，都得從「這種小事」這個基礎練習開始著手。以運動為例，如「運球」、「揮棒」與「跑步」等，為了在實際運動時有優異表現，好好練習這些基礎項目是不可或缺的。只要跟著自己的步調進行遊戲，一定會越做越順手。而在與貓咪開心地進行逐項遊戲，並且能夠在過程中毫無障礙地溝通之前，首先要進行的，就是醫療護理行為訓練（※）。

藉由以指揮棒為工具的響片訓練來讓貓咪學會遊戲項目
的基本內容吧。

※醫療護理行為訓練是指包括健康管理在內，教導動物一些在飼養管理時必須採行的行為。（詳細內容請參考P96-97）

我認為醫療護理行為訓練正是我們這些飼主夢寐以求的訓練，畢竟沒有人想讓貓咪留下不開心的回憶。然而牠們還是需要接受各種照顧與治療，更何況飼主也希望牠們能夠乖乖聽話……。當飼主真心為貓咪著想時，我想應該沒有人會想用暴力手段來避免牠們亂動。其實只要與家裡的貓咪一起進行本書的遊戲項目，在照顧牠們的時候，就不需要採用壓制這種會造成貓咪壓力的方式了。像我家的寶貝貓咪經過訓練之後，在我準備藥的這段時間，牠們就會自己過來等著。當然，就算只有我一個人，照樣可以好好地餵牠們吃藥。

　　這些訓練是有科學根據的。之所以希望大家將這些訓練融入生活之中，並不是為了讓貓咪聽話，而是要在減輕貓咪壓力的同時給予妥善的照顧。這些都與貓咪的幸福息息相關。只要貓咪開心，相信飼主也會幸福的。

　　另外，為了讓貓咪在室內這個有限的空間裡與人類一起無憂無慮、活力洋溢地生活，我們這些飼主一定要好好地陪牠們玩。話雖如此，貓咪一旦上了年紀，就會開始對玩具興趣缺缺，甚至連貓跳台也懶得碰。遇到這種情況時，書中的遊戲項目也可以派上用場。許多人一聽到「訓練」這兩個字，往往會以為施行對象非幼貓不可，其實不然。本書的遊戲項目，全是透過仔細觀察貓咪，並以科學研究為根據，藉由遊戲的方式來訓練貓咪。所以飼主並非只是拿著玩具陪貓咪玩，而是把這些遊戲當做其中一項娛樂，創造出與貓咪溝通的新管道。大家一定要好好利用這個機會，開心地與貓咪一起挑戰。

坐在我家乖乖吞下藥丸的寶貝貓咪大吉身旁的喵丸好像在等我陪牠玩耍，但其實牠是在排隊等餵藥。

善用貓跳台，讓貓咪好好運動，練習遊戲項目吧。

Part 1

陪貓咪玩耍的準備篇

了解自家貓咪的一些行為模式與習性，不僅可以每天過得更開心，彼此的生活也會更充實。為此，身為人類的我們，一定要充分掌握「與貓咪共同生活時能夠派上用場的遊戲規則」，並且讓貓咪知道這些規則，這一點非常重要。一開始，飼主與貓咪必須先熟悉訓練項目中經常使用的響片與指揮棒等工具。只要在剛開始學習時打好根基，之後進行練習項目時就能樂在其中了。

逗貓的準備工作

　　本書的所有遊戲項目幾乎都用到會發出聲響的響片以及用來犒賞貓咪的零食。所以先讓我們把響片遊戲當做與貓咪同樂的準備工作，一起來「找一找自家貓咪最喜歡的食物」吧！

　　響片遊戲最重要的，就是以淺顯易懂的方式告訴貓咪「你答對了！」、「乖孩子」，因此重點要放在讓貓咪開心的「獎勵」上。或許你會問，獎勵貓咪的時候未必要給食物，摸摸牠或拿玩具陪牠玩不也可以嗎？但如果把摸牠和拿玩具陪牠玩當做獎勵的話，響片遊戲就會整個中斷，無法繼續進行，這樣反而不容易以淺顯易懂的方式告訴貓咪「你答對了！」。為了讓貓咪開心，我們還是先準備一些牠們最喜歡的食物當做獎勵吧。

　　讓貓咪對響片遊戲感興趣還有一項重要的準備工作，那就是讓牠們愛上響片的聲音。

　　雖然我建議把響片發出的「咔噠聲」當成最簡單的工具，向貓咪傳遞「你答對了！」這個訊號，然而牠們並非天生就喜歡響片的聲音，所以在正式開始遊戲之前，必須先讓貓咪愛上響片聲。先找到貓咪最喜歡的獎勵，之後就可以進行將這個獎勵與響片聲串連在一起的「響片訓練」了（詳細內容將在P22-23介紹）。

響片遊戲剛開始的時候，有些貓咪玩沒多久就感到厭煩。遇到這種情況無需驚訝，這是常有的事，不用太在意。人類在開始一項新事物時，往往會非常投入，沉迷其中。然而貓咪原本就是我行我素的動物，對於這突如其來的遊戲，牠們是不會立刻著迷的。既然如此，就讓我們尊重貓咪的步調，慢慢來吧。舉例來說，飼主原本都是一次給貓咪10粒牠最喜歡、可口又美味的乾燥零食，但現在卻變成「咔嚓一次給1粒」（響片訓練的練習方法），這樣的做法，不管貓咪多麼愛吃那個零食，恐怕都無法讓牠愛上響片聲。由此可見，突然改變貓咪的生活方式，不管對貓咪還

是對飼主都會造成負面效果，所以我會建議大家，最好一邊和貓咪進行遊戲，一邊找出「適合自己的方法」。

　　無論是誰，都會想要把喜歡的東西送給喜歡的人。因此這個可以欣賞貓咪開心玩耍模樣的響片遊戲，一定會成為貓咪與飼主相互溝通的歡樂時光。

需要準備的東西　　接下來介紹練習遊戲項目時需要準備的東西。

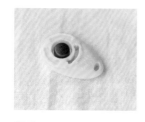

響片
會發出「咔嚓」聲的工具，是遊戲進行時的必需品。P20-23有詳細介紹。

指揮棒
初次使用響片的人可於遊戲進行中派上用場的工具。使用方法在P24-25有詳細介紹。

零食（獎勵）
挑選自家貓咪最喜歡的食物。種類、大小以及餵食方式請參照P18-19。

關於獎勵

獎勵時就給「家裡毛小孩」喜歡的食物，千萬不要挑選自認為「貓咪應該會喜歡」的東西。給之前一定要先好好觀察，確認家裡的毛小孩真的喜歡這個才行。

響片遊戲的準備工作，首先是「響片訓練」（請參照P22-23）。不管做什麼，最重要的都是第一印象，所以在進行響片訓練的時候，要盡量使用家裡毛小孩特別喜歡的東西。一旦貓咪習慣遊戲規則後，獎勵就會依據貓咪努力的事情按照等級區分使用。好好區分獎勵的話，可以給予貓咪的身心良好的刺激，因此用來當做獎勵的食物要多找幾樣喔。

練習的時機與獎勵的分量

尋找獎勵時最重要的，就是必須是「家裡毛小孩」喜歡的東西。如果貓咪喜歡平常吃的乾飼料，那就用這個乾飼料當做獎勵。即使是已經喜歡玩響片遊戲的貓咪，拿牠們平常吃的乾飼料當做獎勵也可以。這種情況下，必須在早上先量好一天要給的分量，從中分取一些當做獎勵，以免貓咪食用過量。遊戲結束之後如果有剩，就留到晚餐一起給。

貓咪如果還不習慣遊戲規則，或是有這樣的情況：「我家的毛小孩對正餐沒什麼興趣，似乎要給好吃的零食才行……」不妨試著在飯前的空腹時間練習，或是給牠特別美味的零食，不過每天給的零食分量要掌控在貓咪正餐的10～20%之內才行喔。

管理貓咪的體重非常重要，這一點在遊戲項目中也會一再強調。每天吃的分量要量好，體重也要勤加測量，以免貓咪過胖。

獎勵的種類與準備

響片遊戲進行的時候必須不斷地回應（「你答對了！」），而且還要抓住節奏，這樣貓咪才能玩得盡興又不會厭煩。不過遊戲進行的時候會不停地餵牠們吃零食，所以在給之前得先把零食切小塊一點。如果是當做獎勵的話，那麼給的零食就要比一般的乾飼料稍微小一些。市面上可以買到把藥錠切成一半的「藥錠剁半器」，需要將飼料剁成一半時非常好用。此外還有用手就能夠剁成小塊，或是用剪刀就能夠剪斷的貓咪食品。只要切成一半、1/3或1/4，不管給多少，都不用

擔心貓咪在玩遊戲的時候吃過量。而當貓咪愛上玩遊戲後，就可以把獎勵用的食物再盡量切得更小塊一些了。

除了響片遊戲進行時所使用的乾燥食品獎勵，還有一種非常方便的獎勵，可以用在希望貓咪習慣某種情況的時候，那就是舔舐類零食。

在給貓咪這類零食之前，必須先讓牠們習慣「人的手」，因為日常生活中，「人的手」在照顧貓咪的時候，幾乎每種場合都會派上用場。為了讓貓咪對自己的手有好印象，不妨先練習將舔舐類零食塗抹在自己手上，讓貓咪慢慢舔食吧。

獎勵的種類與準備

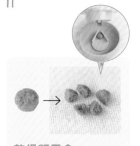

乾燥類零食

遊戲項目在進行的時候幾乎都會用到的必備零食。用藥錠剝半剝碎的話，會更方便餵食。

半乾燥零食

可用來替代乾燥類零食，挑選時記得配合貓咪的喜好，並且事先用剪刀剪成一半、1/3或1/4。

泥狀零食

用在貓咪舔舐的這段時間照樣能夠進行的遊戲項目（例如：穿上胸背帶）。可以塗抹在紙上餵食。

※建議塗抹在剪開攤平的牛奶盒上。

盛裝獎勵的容器

訓練零食袋

可以用掛鉤吊掛在皮帶上，或是疊放在口袋裡。尼龍布的質地滑順，就算髒了，也能夠簡單清洗。

保鮮盒

零食裝入保鮮盒裡的話就不用擔心受潮了。另外，若裝在小型保鮮盒裡，就可以在遊戲項目進行時擺在一旁，攜帶也十分方便。

※提供：株式會社Levi

獎勵的暗號・響片

「響片」是一種會發出「咔噠」聲的工具。而利用這個聲音「與貓咪一起進行採取行動，猜對就有獎的遊戲」，就是響片遊戲。這和我們聽到「叮咚！」時，就會把這個聲音與正確答案劃上等號的反應是一樣的，所以讓我們與貓咪共同制定一個暗號，使牠們一聽到那個聲音，就知道自己答對了吧。

其實響片只是一種讓貓咪容易捕捉到聲音的工具罷了，因此改用其他能夠發出聲響的物品也OK，例如按動式原子筆。另外，將舌頭放在上顎發出噠噠聲（彈舌）或「嗶——」的短暫吹笛聲也可以。用什麼都行，唯有一件事務必要嚴格遵守，那就是發出那個聲音之後，一定要給貓咪獎勵。這是進行響片遊戲時絕對要遵守的，千萬不要破壞這個規則。

如果用按動式原子筆替代響片，那麼在日常生活中就不要再用這種原子筆，否則會破壞「發出那個聲音就一定要給貓咪獎勵」的規則。相反地，玩響片遊戲的人如果本來就沒有在用按動式原子筆的話，不妨趁這個機會翻出埋在抽屜深處的舊原子筆，好好利用一番。至於響片，通常可在寵物用品店或網路商店買到。一個就夠，價格大約日幣500圓左右。在此建議大家把它當做新玩具之一，為貓咪添購一個吧。

發號施令不行嗎？

或許有人會問：既然響片的聲音不過是給予獎勵的暗示，那麼用發號施令的方式不也可以嗎？並不是說「發號施令不好」，其實有幾個理由說明了用響片會比用說的好。

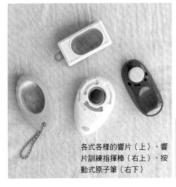

各式各樣的響片（上）、響片訓練指揮棒（右上）、按動式原子筆（右下）

響片可在寵物用品店或網路商店購買，一個約日幣500圓。也可挑選與指揮棒合而為一的工具（響片訓練指揮棒），或是用按動式原子筆代替。

使用方法
發出「咔噠」聲作為暗示。發出聲音之後一定要給貓咪獎勵。

第一個理由是，如果我們用曾經說過的言詞來下指令，貓咪會感到混亂，這樣很難展開新遊戲。人類在玩新遊戲的時候，腦筋轉換得過來，但貓咪呢？為了不讓貓咪在開心享受新遊戲時感到困惑，我們還是不發一語地陪牠們玩耍吧。

第二個理由是，語言的聲調會受當時的語氣影響而產生變化。畢竟是發自人類的聲音，即使是同一句話，聲調仍會偶爾有所變化。針對這一點，如果是響片的話，就可以機械式地發出相同的咔嚓聲。所以當我們企圖給予「暗示」的時候，最好盡量選擇沒有什麼變化、聲調相同的聲音，如此貓咪會比較容易接收到訊息。這就是響片比言語來得適當的理由。

另外，並不是只有與貓咪說話時，我們的說話聲才會傳入牠們耳裡，有時會在無意中讓貓咪聽到其他時候的說話聲。不然就是本來想要發出同樣的聲音（言詞），但語氣卻不自覺地產生變化。例如，本來要說「好乖」，卻變成「好乖哦～」，或「對」變成「對對對」。這些事看似不起眼，然而若要用來當做「暗示」的話，就不能如此隨性。不僅如此，教導貓咪怎麼行動的時候，擷取瞬間是非常重要的，所以，使用短促的聲音，不只貓咪容易理解，我們也能夠準確地將訊息傳遞出去，諸如此類尚未闡述的理由不計其數，總之先讓我們試著用響片訓練看看吧。

一旦貓咪愛上響片遊戲之後，就可以多多稱讚牠（稱讚的時候也要給零食哦）。響片遊戲是一種與行為關係密切的遊戲，因此進行的時候用響片傳達指令，可以讓貓咪一聽就懂。不僅如此，遊戲結束之後，用言語稱讚貓咪完成的動作並給予獎勵的話，還能夠讓貓咪知道牠「做到了喔」。當然，要求貓咪玩一些牠已經知道怎麼玩的遊戲（完成式）時，用言語稱讚並給予獎勵也沒問題。

先讓貓咪愛上響片發出的機械式聲音。這個時候只要讓貓咪記住響片聲音連結著獎勵的零食就可以了。

何謂響片訓練？

響片遊戲一開始必須先進行「響片訓練」。「響片訓練」是讓貓咪將響片的「咔噠」聲與最喜歡的東西（獎勵）串連起來的一項訓練。只要提到「巴夫洛夫的狗（Pavlov's Dog）」，應該就不難想像了吧？這就是讓貓咪將響片的聲音與「可以得到獎勵的聲音」劃上等號的訓練（又稱古典約制、制約反射或條件反射）。

貓咪並非天生喜歡響片的聲音，不過一開始只要好好進行「響片訓練」，就可以讓響片發出的「咔噠」聲變成貓咪最喜歡的聲音，因為對牠們來說，這不僅是能夠得到獎勵的提示，更是正確解答的暗示。這麼做，是為了刻意營造出當貓咪一聽到罐頭打開的聲音時，就會非常期待美味食物出現在眼前的那種「興奮又雀躍」的心態。因此，營造出說好一定會得到心愛食物的那種喜悅狀態，就是「響片訓練」。

先從飼主開始練習

正式進行響片訓練之前，最好先在沒有貓咪的地方練習。因為剛開始使用響片時，通常無法讓響片發出清晰的聲音，所以最好趁貓咪不在的時候（或是盡量在貓咪聽不到的地方）練習按響片。慢慢按的話，會變成拖拖拉拉的「咔—噠—」聲，因此練習的時候要盡量按快一點。

再來就是順手拿出獎勵給貓咪吃的練習（這部分也要趁貓咪不在的時候進行）。練習時，要一手握著響片，一手拿著獎勵。手裡先拿著5～6粒貓咪最喜歡的乾燥零食，接下來練習一粒一粒拿出握在手心的那5～6粒乾燥零食。動作不要拖拖拉拉，試著一粒一粒放在自己面前。順手之後，接著練習按下響片後，立刻放一粒乾燥零食在前面。按響片的時候，拿著乾燥零食的那隻手絕對不可以動，因為此時要貓咪記住的是「響片響了之後，才會出現獎勵」。一旦飼主的手動了，貓咪就會察覺「獎勵會出來」，所以按響片的時候務必注意，拿零食的手盡量不要動。

給貓咪獎勵的時候，本書是以放在貓咪面前（或是直接用手餵食）為基本方式。自己一個人練習時，最好也假裝貓咪在附近，並且把獎勵放在面前喔。

利用響片來訓練吧

接下來要用響片實際練習一下，讓貓咪記住只要聽到響片聲，
就代表「獎勵會出現」吧。

Step
1

趁貓咪不注意的時候，將5～6粒用來犒賞的
零食握在手裡，另外一隻手拿著響片。

Step
2

靠近貓咪，按一次響片，發出「咔噠」聲之
後，就立刻在貓咪面前放一粒獎勵。

響片訓練時要注意的地方

注意1
響片聲在進行響片訓練時，是一種效果非常好的訓練工具。除非進行訓練或玩遊戲，否則其他時候千萬不要隨便按響片。

注意2
不可以在貓咪眼前按響片，因為貓咪會被聲音嚇到。將響片放在自己身後按，會是較為適當的距離。

注意3
獎勵一定要等響片按了之後才能給。記住，「咔噠」聲→獎勵這個順序非常重要。

注意4
有的貓咪無法理解為什麼一次只能吃一粒。遇到這種情況時，不妨準備可以讓貓咪心滿意足的分量或品質較好的零食。

　　練習的時候，要一邊記得以上4點，一邊重複5～6次「咔噠」→獎勵這個步驟（5～6次為一個循環）。當貓咪吃完眼前的獎勵時，就再按一次響片，並且給予獎勵。響片訓練只要這麼做就可以了。此步驟要反覆做5～6個循環（但是一天最多進行2個循環）。而在進行下一個循環之前，記得先讓貓咪補個眠喔。

　　已經熟悉響片訓練的貓咪在聽到「咔噠」聲時，會非常期待「緊接而來的獎勵！」響片聲是雙方約定好一定會給予獎勵的聲音，所以千萬不要背叛貓咪的期待。而遊戲進行的時候，也要遵守這個規則才算成功，可別按了響片卻不給貓咪獎勵喔。

響片遊戲開始囉

　　貓咪熟悉響片訓練之後，就可以開始進行響片遊戲了（遊戲超過3個循環時，得再從響片訓練開始喔）。響片聲代表「你答對了！」也是約定「要給你獎勵了」的聲音。所以一定要遵守按下響片之後就給貓咪獎勵的遊戲規則，與貓咪同樂。

響片遊戲　起步練習
～拿起指揮棒玩一下吧～

　　為了讓第一次接觸響片的人能夠得心應手，同時以最簡單明瞭的方式將訊息傳遞給貓咪，剛開始先使用指揮棒玩遊戲吧。所謂指揮棒，指的是當貓咪採取行動時，可以用來暗示的棒狀物。

　　首先要達成的目標，是讓貓咪跟著指揮棒行動。要如何將行動分段，以循序漸進地達成目標，牽扯到能否與貓咪一同開心玩樂。因此在開始之前，我們必須先在腦海裡好好地模擬訓練場景。

　　雖然可以用手指代替指揮棒進行遊戲，但我們玩響片遊戲時，手裡會握著零食，如果用手指指揮，有的貓咪會因為想要趕快吃到零食而忍不住伸手（前腳）。貓拳固然可愛，但貓爪若也跟著亮出來的話，我們可就無法開心地和貓咪玩遊戲了。除非貓咪已經能夠冷靜地融入遊戲之中，否則用指揮棒絕對會比用手指安全。

　　眼前出現棒狀物時，貓咪通常會嗅聞棒子的前端。因此我們可以利用這個習性，試著教導貓咪「用鼻頭觸碰棒子」的動作。貓咪要學習的，是按下響片的那一瞬間所採取的動作。貓咪採取行動的那一刻按下響片固然重要，不過響片按了之後，並不需要急著拿出零食，不疾不徐地給貓咪獎勵就行了。

準備的東西　　　響片與指揮棒

各種形狀的指揮棒

免洗筷、吸管、飲料調棒，以及羽毛部分掉落的逗貓棒全都可以當做指揮棒。

鼻子碰指揮棒練習

Step
1

將指揮棒伸到貓咪面前。貓咪看棒子時，按下響片，給予獎勵。這個時候要注意，響片不可太晚按。當貓咪第一次伸出前腳觸碰指揮棒時，按下響片，並且給予獎勵（這麼做是為了告訴貓咪「指揮棒」是正確答案）。

Step
2

當指揮棒或手指出現在貓咪眼前時，牠們通常會將鼻子湊近。如果貓咪想用鼻子觸碰的話，就按下響片，給予獎勵。倘若貓咪沒有反應，就把指揮棒拿近一點，只要貓咪的鼻子稍微靠近一些，就按下響片，給予獎勵。

Step
3

伸出指揮棒，距離貓咪約一個拳頭遠。當貓咪的鼻子觸碰到棒子時，按下響片，給予獎勵。就算鼻子沒有碰到，只要牠伸長脖子想要觸碰，就按下響片，給予獎勵。相同步驟重複數次，練習讓貓咪用鼻子觸碰指揮棒。

Step
4

將指揮棒放在貓咪眼前，距離不變，試著稍微往右移動。如果貓咪的視線跟著棒子往右，並且用鼻子觸碰的話，就按下響片，給予獎勵。接下來往左移動，當貓咪用鼻子觸碰時，一樣按下響片，給予獎勵。

Step
5

當貓咪伸長脖子，打算嗅聞眼前的指揮棒時，在貓咪鼻子碰到之前，稍微拉回棒子，彷彿暗示貓咪「往我這邊靠近一點」。當貓咪為了用鼻子觸碰棒子，不只伸長脖子，連前腳也跟著伸出時，就按下響片，給予獎勵。

Step
6

趁貓咪還沒碰到之前移動指揮棒，讓貓咪跟著走。指揮棒與貓咪的距離最好與Step 3相同，或稍微遠些。一開始先練習讓貓咪跨出一步，再分別練習兩步、數步。接著棒子不動，貓咪的鼻子碰到時，就按下響片，給予獎勵。

文：青木愛弓

貓咪的行為模式

貓咪是靠本能生存的嗎？

貓咪的行為大致可以分為兩種。一種是與生俱來的行為，例如剛出生的幼貓會吸吮母貓的乳房、從高處跳下的貓咪會先讓腳著地等，也就是有助於反射、繁殖、進食的行為。這些都是按照固定順序進行一連串動作的本能行為，同時也是雙親傳給孩子的基因所形成的行為，個體之間幾乎毫無差異。

個性是依據經驗所形成

另外一種，就是出生之後受經驗影響而產生的行為。每一隻貓咪經歷的經驗各不相同，所以出現的行為隨之有個體差異。這樣的行為可以細分成好幾種類型，而這一節要解說的，是貓咪的自發性行為。例如為了取出袋中的零食，每隻貓咪攻略的方式都不一樣。而這樣的差異，是因為貓咪在偶然之下進行某個舉動後，發現可以吃到從袋子裡取出來的零食而形成的。

為什麼會出現這樣的舉動？在思索原因的時候，我們往往會著眼於行為發生之前所發生的事情，然而自發性行為卻是受到在這之後緊接而來的事情影響。學習自發性行為的過程，可以分為4種類型，也就是右頁介紹的行為4大法則。

何謂科學訓練法？

試著將寶貝貓咪的行為歸納在行為4大法則內時，大家應該會發現，就算沒有刻意教，牠們還是會配合自身所處的環境學習，可見貓咪的行為並非只靠本能。包括我們人類在內的所有動物增減自發性行為的理由，其實都可以用這4種類型來說明。而應用這個行為法則，進而提升人類與動物的QOL（生活品質），同時思考問題行為之解決方案的學問，就稱為應用行為分析學（ABA）。讓我們在Mini Lecture這個專欄當中，一起思考如何利用ABA規劃的科學方法，讓貓咪過得更幸福吧。

行為4大法則

●採取行為之後出現開心的事情，就會重複相同舉動

有隻貓咪走到飼主身旁時得到了零食。相同行為重複幾次之後，牠只要一看到飼主，就會快步跑到飼主身旁。這隻貓咪在採取行為之後，因為立刻出現了零食這個令牠開心的東西，所以會一直重複相同行為。

只要做出～的舉動

出現

一直重複　開心的事情

●採取行為之後討厭的事情消失了，就會重複相同舉動

有隻貓咪被人抱了之後伸出爪子抓對方，那個人只好把牠放下。這隻貓咪因為採取行為後，討厭的事情消失了，所以之後如果有人抱牠，這隻貓咪就會先伸出爪子抓人。這樣的舉動和客人來訪時，貓咪立刻跑到衣櫥裡躲起來是一樣的。

只要做出～的舉動

討厭的事情

一直重複　不見了

●採取行為之後出現討厭的事情，就不會再做那個舉動

有隻貓咪在靠近小孩的時候，尾巴被拉扯了，從此牠不再靠近小孩。這隻貓咪在採取靠近小孩的行為後，因為出現了尾巴被拉扯這個令人討厭的事情，所以牠再也不做那個舉動了。

只要做出～的舉動

出現

不再這麼做　討厭的事情

●採取行為之後開心的事情消失了，就不會再做那個舉動

有隻貓咪在玩樂的時候，抓了飼主的手，結果飼主不再跟牠玩了。採取行為之後，玩耍這個開心的事卻不再出現，相同情況重複幾次之後，貓咪玩耍時，就不會再伸出爪子傷人了。

只要做出～的舉動

喜歡的事情

不再這麼做　不見了

文：青木愛弓

讓貓咪更幸福的7大規則

貓咪是在稱讚之下成長的

現在一般都建議不要讓貓咪出門，在室內飼養牠們一輩子。一起在室內生活，代表貓咪與人類接觸的時間隨之增加，而且貓咪必須長時間在人類營造的空間裡生活。人類的行為不僅會影響貓咪的一舉一動，有時甚至造成雙方關係劍拔弩張。為此，我彙整了7項與環境營造以及輔助行為有關的法則，好讓貓咪能夠與人類相處融洽，幸福快樂地共度一生。

1　表現良好要稱讚

教導貓咪希望牠做的事時，記得要好好稱讚。先準備一些切成小塊的零食，貓咪若表現良好，就立刻給牠少量可口美味的零食，好好獎勵一番。拿的時候動作要迅速，並且重複練習，讓貓咪把行為與結果串連在一起，這一點非常重要。

2　不希望貓咪做的事情就不看、不稱讚、不斥責

當貓咪做出讓你感到不悅的行為時，你是不是會一直盯著牠看，或為了制止而叫牠的名字，甚至大喊「不行」呢？斥責之後，如果貓咪依然如故，甚至變本加厲的話，其實原因就和不斷地稱讚牠是一樣的。

3　不懲罰

許多人以為藉由斥責來制止不良行為是教養常識，但大聲嚇阻貓咪、敲打東西，甚至故意不讓貓咪得逞等，這些糾正行為的方式其實是百害而無一利。因為這樣的教養方式只會讓貓咪討厭人類，甚至變得更加神經質與膽小。另外，斥責之後就算成功制止貓咪，如果不教牠該怎麼做，還是會出現其他令人頭疼的行為。

4　不讓貓咪做，不重蹈覆轍

不希望貓咪調皮玩弄的東西、不喜歡牠亂抓的東西，甚至是不要牠破壞、亂吃的東西，統統都要整理好，並且佈置一個適合貓咪生活的房間。不希望牠做出那樣的舉動，就要好好預防。萬一牠不小心做了，就盡快想出對策，以免貓咪重蹈覆轍。

5　讓貓咪有事做，多運動

不費心力就能吃飯與無聊沒事、缺乏運動息息相關。為了維護貓咪身心健康，訓練的時候不妨將主食當做獎勵、利用益智餵食器增加吃飯的難度，以拉長貓咪吃飯的時間。另外，設置貓跳台或利用逗貓棒等玩具與貓咪一起玩耍等等，這些教導貓咪做出可愛動作的遊戲都可以善加利用，讓貓咪有更多機會好好運動。

6　提早練習，事先習慣

測量體重、保定（人類用手固定住貓咪身體防止牠亂動）、用毛巾包起來、餵藥等等，這些為了讓貓咪過得更健康而非做不可的事，統統都是貓咪討厭的事。因此我們要善用獎勵，讓貓咪開心地練習並習以為常。另外，也要讓貓咪習慣會在日常生活中出現的各種突發狀況，以免牠們產生不必要的恐懼。

7　立下規則，一起遵守

規則1、2、3必須全家一起遵守，與貓咪好好相處。就算是人類，老被糾正也會感到不耐煩，有時甚至暗地裡胡作非為，所以教導貓咪的時候，一定要好好掌握稱讚這個訣竅。話雖如此，在這7項規則當中，最難以控制的其實是與貓咪相處的人類。

Part 2

與貓咪感情更融洽的
小小接觸篇

與貓咪一同生活的日子尚淺、不知要如何好好溝通、第一次使用響片及指揮棒……接下來我要為初次遇到這些情況的飼主介紹幾種輕鬆又能夠和貓咪玩得開心的遊戲項目。簡單來說，成功之前，最重要的就是不斷地練習。對貓咪而言，與飼主一起練習就是一項可以開心玩樂的遊戲。習慣之後，學會的項目還能夠搭配新挑戰的項目，雙管齊下，同時進行喔。

配合呼吸～
Give me five！

擊掌

就從和貓咪擊掌開始一天的生活吧！
打完招呼之後，帶著愉悅的心情度過神采奕奕、活力洋溢的一天。

　　我家寶貝貓咪第一個學會的就是擊掌。到今天，我依舊記得當我的手掌觸碰到貓咪柔嫩的肉球時，心中油然而生的那種幸福感。常常有人問我：教貓咪學會一件事不是很難嗎？然而，只要循著 Part 1 的基本遊戲逐步練習這個項目，不管是哪個毛小孩都會漂亮地做給你看，彷彿要顛覆成見般，真的很神奇。更何況有不少人跟我說「家裡的毛小孩也學會了！」，所以我相信你家的寶貝貓咪一定也可以學會擊掌。如果家裡的貓咪前腳抬不太起來的話（例如曼赤肯貓），那麼就先挑戰P34-35的「跟我握握手」吧。

【準備的東西】指揮棒、響片、零食
【玩耍的頻率】每天練習，直到學會，之後就偶爾複習一下吧！

Step
1

將指揮棒放在距離貓咪鼻頭10cm左右的地方。一邊逗弄貓咪，一邊左右晃動指揮棒，挑動貓咪對棒子的興趣。

Step
2

當貓咪伸出前腳觸碰指揮棒時，立刻按下響片，給予獎勵。最重要的一點，是貓咪準備碰棒子的那一刻就要按下響片。

Step
3

重複練習Step 2，只要每次拿出指揮棒，貓咪都會伸出前腳觸碰時，接下來就可以將指揮棒指著掌心，一併伸到貓咪眼前。

Step
4

當貓咪越過指揮棒觸碰到手掌的那一瞬間，要立刻按下響片，給予獎勵。最重要的就是必須捕捉到貓咪觸碰的那一刻。

Step
5

接下來在貓咪觸碰到指揮棒的那一瞬間將棒子收回，讓貓咪拍打掌心。碰到掌心的那一刻要立刻按下響片，給予獎勵。

Step
6

重複Step 5，學會之後，接下來在貓咪面前只伸出手掌，如果貓咪伸手拍打，擊掌動作就算完成。這時候要稱讚牠是「乖孩子」，並且給予獎勵。

飽滿的肉球
貓手給你握♡

跟我握握手

可以享受肌膚之親的握手
正是修剪爪子的第一步！

　　是不是很多人都以為只有狗會握手？儘管看到小狗握手的可愛模樣時羨慕不已，但心裡是不是一直嘟嚷著，反正貓咪也學不會，然後就這樣輕言放棄呢？其實只要學習方法對，再配合飼主的暗示，就算是貓咪，也能夠做出可愛的握手動作喔！這個項目不僅可以開心地與貓咪玩在一起，同時也是修剪爪子的第一步。學會握手之後，接著再把貓咪抱在懷裡握手；習慣之後就直接按摩肉球。當然也別忘記給牠獎勵喔。在這樣接觸的過程當中，應該就可以順其自然地幫貓咪剪爪子了。

【準備的東西】指揮棒、響片、零食
【玩耍的頻率】每天練習，直到學會，之後就偶爾複習一下吧！

Step
1

將指揮棒放在比進行擊掌遊戲時還要低的位置，讓貓咪用前腳觸碰棒子。擊掌方法請參考P32的遊戲項目。

Step
2

接下來將手掌朝上伸到貓咪面前，並對牠說「握手」。當貓咪把前腳放在手上就算完成。這時候要稱讚牠是「乖孩子」，並且給予獎勵。

Step
3

接下來練習就算人改變位置，貓咪照樣可以進行「握手」的動作。突然坐在貓咪旁邊要牠握手會稍有難度，所以最好是一點一點地移動位置。

Step
4

重複練習，讓貓咪學會無論手掌放在哪個位置、從哪個方向伸出來都可以「握手」。千萬別忘記每次握手之後都要按下響片，給予獎勵。

抱抱握手篇

Step
1

將貓咪抱在膝上，穩定牠的下半身。從貓咪的正面伸出手掌，練習時，手的方向與一般的「握手」相同。
（抱的方法請參照P73）

Step
2

繼續練習，直到不管手掌從哪個方向伸出來都可以讓貓咪「握手」為止。人與貓咪無論哪一方改變姿勢，對貓咪來說，都很難做握手的動作，因此重複練習時切勿過於心急。

問你哦～問你哦～
今天要玩什麼？

掛臂站立

貓咪站起來主動把自己前腳掛在飼主手臂上的可愛模樣
保證一定會俘虜人心。

　　我家的寶貝貓咪喵丸兩隻前腳輕輕掛在手臂上的模樣，實在是萌到令人難以
招架。心愛的貓咪一邊掛臂站立，一邊用逗人的表情盯著你看，心不融化才怪。

　　而且，掛臂站立不只可愛，與P34-35的「跟我握握手」一樣，學會從各種不
同的方向掛臂後，不僅可以用貓咪最沒有負擔的姿勢抱牠，還能夠看清楚腹部、
確認胸背帶的尺寸合不合、會不會不好活動等等……好處可說是不勝枚舉。再
說，這個姿勢可愛、優點多多的掛臂站立可是我和喵丸最愛的遊戲項目呢。

【準備的東西】響片、零食（指揮棒）
【玩耍的頻率】每天練習，直到學會，之後就偶爾複習一下吧！

Step
1

學會P33的擊掌之後，在貓咪擊掌的那一刻，將另一隻手的手臂伸到地面前。成功擊掌後，就按下響片，給予獎勵。

Step
2

接下來試著讓貓咪把擊掌時伸出的那隻前腳直接掛在手臂上。即便一開始無法順利地掛在上面，只要貓咪前腳觸碰到手臂，就立刻按下響片，給予獎勵。

Step
3

當貓咪習慣把前腳掛在手臂上後，接下來試著把手臂稍微抬高。當貓咪的其中一隻前腳掛在手臂上，另外一隻腳懸起時，立刻按下響片，給予獎勵。

Step
4

將掛著貓腳的那隻手臂慢慢抬高。當貓咪用後腳站立，另外一隻前腳也掛上來時，按下響片，給予獎勵。最後，如果在貓咪面前伸出手臂，說「掛臂站立」時，貓咪會把雙腳放在上面的話，就算完成。

Point

如果還沒有學會擊掌，無法立刻進行上述遊戲項目的話，那就先挑戰P24-25中介紹的暖身運動「鼻子碰指揮棒練習」吧。先從上方伸出指揮棒，誘導貓咪站立並抬起前腳。貓咪站起來之後，將手臂伸到地面前，當貓咪放下前腳時，就會觸碰到手臂。碰到的那一刻按下響片，告訴貓咪「前腳碰到手臂是正確答案喔」。另外，如果是從「跟我握握手」開始的話，那就把手臂伸在較低的位置，然後另一隻手的手掌置於上方，讓貓咪把前腳放在手掌上，接著慢慢收回手掌，使貓咪的前腳掛在手臂上，重複練習到貓咪學會為止。

最喜歡你了～！
啾♡

鼻吻

平常態度冷淡的寶貝貓咪如果願意和你碰碰鼻子的話，
那可是會讓人樂翻天。鼻吻是與貓咪培養親密感的第一步。

　　大家都知道鼻吻是貓咪之間以互碰鼻子來打招呼的方式。那麼你是不是覺得既然如此，貓咪應該無論和誰都可以來個鼻吻吧。可惜有時貓咪並不喜歡人的臉太靠近。但是在照顧貓咪的時候，飼主的臉經常得湊近牠們。既然是不得不的舉動，我們不妨從鼻吻開始讓牠們習慣，這樣貓咪就不會討厭我們的臉靠近了。尊重貓咪的意願，等待牠們靠近固然重要，但彼此也要互相配合與挑戰，如此飼主才有機會稍微把臉湊近牠們一些。不過這時候貓咪可能會舔我們的臉，萬一飼主化了妝，恐怕會讓貓咪吃進有害身體的化妝品成分，所以在進行鼻吻之前，記得一定要先卸妝喔。

【準備的東西】響片、零食
【玩耍的頻率】每天練習，直到學會，之後就偶爾複習一下吧！

※為避免感染人畜共通的傳染病，嘴巴若被舔到就要用水清洗。

將貓咪放在跳台或桌上，視線盡量配合貓咪的高度，相對而坐。以不要嚇到貓咪為原則，慢慢地把食指伸向貓咪的鼻頭。

當貓咪的鼻子靠近手指，準備嗅聞的那一刻，按下響片，給予獎勵。這個時候要特別留意，千萬不可錯過按響片的時機。

將伸在貓咪鼻頭的手指，慢慢地往自己鼻子的方向移動，誘導貓咪往前伸出頭。這個步驟要多練習幾次，直到貓咪學會為止。

當貓咪越過食指，貓鼻碰到自己的鼻子時，立刻按下響片，給予獎勵。這個時候只要稍微碰到就可以了。

當貓咪學會用鼻子觸碰手指後，在牠靠近自己臉龐的那一刻移開手指。待貓咪鼻子碰到自己鼻子的那一瞬間，立刻按下響片，給予獎勵。

最後，自己的鼻子稍微往前，並用手指暗示貓咪「是鼻子喔」，要求貓咪鼻吻。做到的話，就稱讚牠是「乖孩子」，並給予獎勵。

好想每天
都讓人摸頭喔♡

摸摸頭

摸摸貓咪的頭是拉近彼此關係的第一步。
讓貓咪不會害怕你伸出的手也非常重要喔。

　　貓咪露出可愛的表情凝望著自己的時候，還有努力練習遊戲項目的時候，都會讓人忍不住想要摸摸牠們的頭。如果你覺得貓咪一定也希望人類摸摸頭，好好稱讚自己一番的話，那就大錯特錯了！對貓咪來說，頭頂上突然出現一隻手有時反而會讓牠們感到不開心。「話雖如此，還是想要摸摸貓咪的頭！」這應該是飼主的真心話吧。既然如此，那我們就透過這個遊戲來弭平彼此之間的隔閡吧。即使是喜歡讓人摸頭的貓咪，也可以多加觀察，試著挑戰其他摸了會讓牠感到舒服的地方。找到這樣的部位之後，如果能夠再發現會讓貓咪心花怒放的摸法那就更棒了。

【準備的東西】零食　【玩耍的頻率】每天練習，直到學會，之後就每天都摸摸牠吧！

Step
1

輕握拳頭，舉到貓咪的頭頂上，並給牠5粒零食，等貓咪快吃完時收回拳頭。相同步驟重複數次，直到貓咪習慣頭頂上的拳頭為止。

Step
2

當貓咪習慣拳頭靠近頭部上方之後，接著用拳頭輕輕觸碰貓咪的頭，同時給牠獎勵。貓咪如果不高興，就從Step 1開始重複練習。

Step
3

能毫無困難地完成Step 2之後，接著直接握拳撫摸貓咪的頭，稱讚牠是「乖孩子」，並且給予獎勵。相同步驟重複數次。

Step
4

將觸摸貓咪的手從拳頭改成手指，移至貓咪感覺舒服的部位（例如下顎）。用手指撫摸之後，立刻稱讚牠是「乖孩子」，並且給予獎勵。相同步驟重複數次。

Point

有些還不習慣人類撫摸的貓咪看到手掌時，會擺出「有人要抓我！」的防衛姿勢。因此剛開始先試著輕握拳頭摸摸看。另外，摸的時候，有些貓咪覺得用指尖「搔抓」比「撫摸」來的舒服，遇到這樣的貓咪時，不妨從下顎一直搔抓到牠的耳根。

文：青木愛弓

不可忽視玩樂的理由

管教時一定要嚴厲斥責嗎？

已經沒有辦法再一起
生活下去了……

累積的壓力發出警告

貓咪是一種經過長時間品種改良，只為了使其習慣與人類一起生活的動物，然而近年來貓咪多在室內與人類密切接觸的情況下，如果你還覺得貓咪是一種不需要花費太多心思照顧的動物，放任牠我行我素的話，不難想像，牠們應該會惹出一些問題。因為牠們會惡作劇、搞破壞，弄得你焦頭爛額，還會不親人、不讓你摸或抱，導致牠們生病時，根本無法接受照顧及治療。會出現這樣的情況，往往是因為飼主沒好好與貓咪培養感情，也就是沒有妥善「調教」所造成的。或許有人會納悶，貓咪要怎麼調教？心裡會這麼懷疑，是因為自己根本就沒有辦法教導貓咪呢？還是覺得貓咪挨罵很可憐呢？雖然這兩個都不是正確答案，但認為貓咪會出現這些行為乃理所當然的人卻不少。

相關的事與無關的事

愈來愈不滿

貓咪就是那個樣子
呀……

可惜的是，很少人知道這樣的誤解反而會導致貓咪出現不當行為。人類以為教養就是要「斥責」。以狗為例，飼主通常會採取斥責的方式來制止牠們搞怪。然而當我們一直緊盯著狗，不讓牠們做出那些問題行為，或厲聲斥責，甚至想利用懲罰來制止時，制止不了、狗兒作亂次數反增不減就算了，更糟糕的是，牠們會出現亂叫、咬人的舉動。

至於貓咪，大家都認為牠們與以調教為前

提的狗是不同的，並不需要特地教導，只要學會怎麼用貓砂，之後就隨牠們去。在這種情況下，家裡怎麼可能會整齊乾淨呢？既然要徹底避免貓咪不開心、不安與恐懼的情況出現，那麼就要想想，當貓咪因為身體接觸、客人來訪，以及遇到新事物而想要逃避與躲藏時，身為飼主的我們該如何應對。尤其室內生活往往缺乏刺激，使得貓咪只要環境稍微變化，就會因為反應過度而躲得不見蹤影。既然是貓，就要尊重牠們與生俱來的天性，既然身為飼主，就盡量不要強迫貓咪去熟悉那些牠不習慣的些微刺激與變化，否則貓咪將無法從促使牠們膽小的惡性循環中脫離。

不管是具有攻擊性的狗還是天生神經質的貓，這樣的「個性」，說不定都是錯誤的調教「常識」創造出來的。

不是放任主義，亦非斥責訓練的第三種方法

為了生活在家裡的貓咪，我們飼主有必要幫牠們設計一個容易學習且能積極活動的環境。而最基本的，就是當貓咪表現良好時多加稱讚，增加牠們做出正確行為的次數，並在有限空間內營造豐富多元的生活環境。

一般人都認為如果不從幼貓時期開始施行教養與訓練，日後就難以調教（這也是錯誤常識）。其實動物一輩子都能學習新事物，所以不管是成貓或老貓，當然也可以學習。

先從與貓咪玩耍開始

遇到貓咪做出令人困擾的問題行為時，大家一定巴不得立刻知道制止牠們的方法。姑且不管這點，身為飼主的我們，不妨先從教導貓咪簡單又可愛的動作當中找尋樂趣。本書將一邊與貓咪開心玩樂，一邊教牠各種迷人的舉動稱為「遊戲」。在教導貓咪幾個可愛動作、充分掌握稱讚的訣竅之後，再回頭多讀幾次之前提到的 7 大規則，並且試著將規則 1～5 融入遊戲之中。久而久之，那些令人苦惱的問題行為一定可以迎刃而解。

Part 3

讓貓咪身心更健康的
小小運動篇

生活在室內的貓咪最大的煩惱，就是缺乏運動。整天在家裡無所事事，貓咪應該也覺得很無聊。為了這些貓咪，我們要在這一章介紹幾個可以解決缺乏運動這個問題的遊戲項目。陪貓咪一起玩玩具固然重要，但只是用玩具讓貓咪在地上翻滾根本就稱不上運動。這一章網羅了當貓咪陪伴在飼主身旁時，可以順便運動一下的遊戲項目。持續每天練習，還可以讓寶貝貓咪遠離肥胖喔。

接下來要跳到哪裡好呢？

咚咚

用手輕拍某個地方當做暗示，讓貓咪一聽到就跳上來。
解決缺乏運動這個問題就從這裡開始。

　　只要在有高低差的地方咚咚敲兩下，讓貓咪聽到聲音之後跳上來，即使是在屋內，牠們照樣可以上下跳躍，好好運動。不管是貓跳台、五斗櫃上方還是窗台，為了讓貓咪可以隨處上下跳躍、伸展筋骨，我們先和牠們一起練習只要一聽到咚咚敲擊聲的暗示，就知道要立刻跳上來的遊戲項目吧。一開始先抓住貓咪準備跳躍的那一刻，並且咚咚敲兩下，當做暗示。貓咪如果跳上來，就給牠獎勵。或許你會說：「這樣就不是我要牠來的時候，牠立刻跳上來了呀！」其實這個遊戲項目一開始最重要的，是學會觀察以及判斷貓咪到底想不想跳上來。因此讓我們先從看出貓咪是否想要跳躍，然後再根據牠的舉動來採取行動這個部分開始吧。

【準備的東西】響片、零食
【玩耍的頻率】每天練習，直到學會，之後就偶爾複習一下吧！

Step
1

仔細觀察貓咪的舉動。當貓咪企圖跳上某個地方時，咚咚地敲打牠的目的地。如果貓咪直接跳上去，就立刻按下響片，給予獎勵。

Step
2

Step 1 練習數次之後，接下來拍打貓咪喜歡的地方。貓咪如果跳上去，就立刻按下響片，給予獎勵。相同步驟重複練習數次。

Step
3

在不同的地方重複練習，直到只要輕輕拍打，就能夠召喚貓咪前來為止。每當貓咪聽到拍打聲就過來時，要稱讚牠是「乖孩子」，而且一定要給予獎勵。

Step
4

如此一來，只要用手輕拍，就可以暗示貓咪「過來」。當貓咪聽到拍打聲過來時，要稱讚牠是「乖孩子」，而且千萬別忘記給牠獎勵喔。

Point

貓咪的運動項目當中最重要的，莫過於「後腿跳躍」。拿玩具陪貓咪玩耍當然也很重要，但這麼做無法解決缺乏運動的問題。雖然這一節介紹的遊戲項目不需要讓貓咪往非常高的地方跳，但不妨多加練習，試著讓貓咪漸漸往高處跳。因為貓咪必須跳到與腰同高這個高度才能確實活動身體，進而解決缺乏運動的問題。另外，只要懂咚咚這個指令，在與貓咪有點距離的地方叫牠過來、要牠跳入懷裡或想抱抱的時候，都可以當做召喚的暗示，可見咚咚是一個應用範圍非常廣泛的遊戲，大家一定要好好練習，充分掌握這項技巧喔。

你應該沒想到我會站得這麼挺吧？

站立

每隻貓咪挺直上半身站立的模樣
都各不相同、特色十足，可愛極了！

　　貓咪站起來撒嬌的模樣，真的是萌到讓人忍不住想要一直餵零食給牠吃。而且站立的時候，每隻貓咪的前腳位置（姿勢）都獨具特色，各有風格，非常可愛。有的貓咪是前腳直接高高抬起，有的貓咪不知道為什麼就只舉起一隻腳，當然也有的貓咪是兩隻前腳都不會抬起，只用後腳筆直站立，每隻貓咪的站法與站姿形成了各種姿態，而且風格獨具。大家不妨試著挑戰一下，看看家裡的寶貝貓咪站起來時究竟是什麼模樣。另外，當貓咪學會站立的時候，可別忘記回應貓咪的要求，餵牠最喜歡的零食喔。

【準備的東西】響片、零食
【玩耍的頻率】每天練習，直到學會，之後就偶爾複習一下吧！

Step
1

將手慢慢伸向貓咪頭頂，食指靠近貓咪的鼻子。盡量不要突然伸手，否則貓咪會被嚇跑。貓咪怕手的話，就從P41的摸摸頭遊戲開始練習。

Step
2

當貓咪拉長脖子，鼻子快碰到食指的時候，按下響片，給予獎勵。學會之後多練習幾次。但注意重複練習時，時間不要拖太長，以免貓咪厭煩。

Step
3

學會Step 2之後，慢慢拉高伸在貓咪面前的食指位置。只要確定貓咪前腳也跟著懸起，即使沒有抬得很高也要立刻按下響片，給予獎勵。

Step
4

學會Step 3之後，食指的位置再拉高一些，讓貓咪挺直站起來。當貓咪兩隻前腳整個抬起時，立刻按下響片，給予獎勵。

Step
5

學會Step 4之後，最後清楚說出「站起來」這個指令，並將手指伸在貓咪上方。貓咪如果挺直站起就算成功。這時候要稱讚牠是「乖孩子」，並且給予獎勵。

調整腳步
1、2♪

繞8字

在飼主的腳邊一邊繞8字一邊緩步行走。
這就是可以看到如此可愛模樣的遊戲。

　　「我回來了～」一回到家，前來玄關迎接的貓咪就開始在自己腳邊繞來繞去。儘管嘴裡嚷嚷著「擋到我了啦！」，但這個舉動實在太討人喜歡了，身為飼主的我們根本就是口是心非，其實心裡高興得不得了呢。這裡要介紹的遊戲項目非常接近貓咪一直在腳邊來繞去的動作，應該不難學會。訓練的重點，在於一開始要用手指誘導，之後再慢慢減少手指動作。訓練時，先以讓貓咪繞著飼主的其中一隻腳走一圈為目標吧。光是俯瞰貓咪翹起尾巴繞著自己的腳走路的模樣，就讓人忍不住嘴角上揚呢。

【準備的東西】響片、零食
【玩耍的頻率】每天練習，直到學會，之後就偶爾複習一下吧！

Step

1

雙腳張開站在貓咪面前。左手食指從胯下後方誘導貓咪，讓牠從底下穿過。貓咪穿過胯下時，按下響片，給予獎勵。

Step

2

學會Step 1之後，接著同樣以左手食指誘導貓咪，讓牠從胯下後方繞行左腳。當貓咪朝向前方經過左腳時，按下響片，給予獎勵。

Step

3

做完Step 2之後，緊接著伸出右手食指，一樣從胯下後方誘導貓咪。當貓咪穿過胯下時，按下響片，給予獎勵。

Step

4

學會Step 3之後，接下來讓貓咪跟著右手食指繞行右腳。當貓咪朝向前方經過右腳時，按下響片，給予獎勵。

Step

5

分別串連Step 1和2，以及3和4，讓貓咪完成「穿過胯下，回到前方」這一連串的動作。當貓咪回到前面時，按下響片，給予獎勵。左右兩邊重複練習。

Step

6

當貓咪可以做出Step 5的連串動作，並且能夠穿過胯下繞行左腳之後，繼續穿過胯下繞行右腳，也就是像畫8字般行走的話，就算成功。做到之後要稱讚牠是「乖孩子」，並且給予獎勵。

窩在膝蓋上
好舒服喔，喵～

跳上來

**讓貓咪想要窩在飼主大腿上，
而飼主則能一償夙願抱著貓咪的初步練習。**

　　就算是不喜歡讓人抱的貓咪，有時也會想要窩在飼主的大腿上。如果能夠反覆告訴貓咪「喜歡就跳上來，沒有人會對你怎樣」的話，即使是不喜歡人家抱的貓咪，說不定也會覺得「那麼就跳上去看看吧！窩在大腿上或許很舒服呢♪」。在這個遊戲項目當中，我們要重複練習希望貓咪跳到大腿上時，貓咪就會乖乖跳上來的動作。另外，貓咪好不容易乖乖地窩在膝蓋上了，我們卻常常遇到不得不站起來的情況。這時候如果突然抱起牠，把牠放下來的話，愉快的心情豈不泡湯了？所以也別忘記順便練習「下來」這個動作喔。讓貓咪上上下下多做幾次，其實也算是一項不錯的運動呢。

【準備的東西】響片、零食、蓋毯
【玩耍的頻率】每天練習，直到學會，之後就偶爾複習一下吧！

Step
1

雙腳伸直坐在地板上，拍打大腿。由於伸直的雙腳就像兩根木棍，而且還帶有弧度，貓咪無法安穩地坐在上面，所以最好鋪上一條蓋毯，以免貓咪滑落。

Step
2

當貓咪聽到拍打聲跳上大腿時，按下響片，在大腿上給予獎勵。相同步驟重複數次（如果貓咪一聽到拍打聲就會跳上來的話，可以省略Step 3）。

Step
3

伸出食指，誘導貓咪跳到大腿上。貓咪爬上大腿時按下響片，給予獎勵。Step 1 與 3 重複2～3次，並且縮短伸出食指的時間，盡量讓貓咪一聽到拍打聲就跳到大腿上。

Step
4

漸漸抬高大腿的位置。疊放坐墊之類的物品，坐在上面並拍打大腿，暗示貓咪跳上來。貓咪跳上大腿時，按下響片，給予獎勵。若貓咪沒有照做，就如Step 3的步驟重複練習。

Point

用食指誘導貓咪，練習「下來」這個動作吧。將食指擺在窩在大腿上的貓咪鼻前，吸引貓咪注意之後，手指指向地板，清楚說出「下來」這個指令。一開始練習時，也可以將雙腳稍微傾斜，誘導貓咪下來。

帥氣地
跳～躍！

跨欄

帥氣地跳過飼主伸直的腳，
利用這個跨欄遊戲來解決缺乏運動的問題吧。

　　跳躍是貓咪不可或缺的運動之一。然而飼養在室內的貓咪生活空間非常有限，很容易出現缺乏運動的情況。為了解決這個問題，接下來我們要介紹貓咪與飼主一起玩耍的同時，也有機會跳躍的遊戲項目。

　　即使坐在沙發上，也可以讓貓咪運動的跨欄遊戲，是當自己疲憊無力或找不出時間陪貓咪玩耍時，依舊能夠有效解決貓咪缺乏運動這個問題的項目。只要貓咪已經學會了P52-53的「跳上來」，就可以延續該項目的動作，繼續學習跨欄。大家不妨連續進行這兩個遊戲，挑戰看看吧。

【準備的東西】響片、零食
【玩耍的頻率】每天練習，直到學會，之後要每隔一兩天就複習一次，讓貓咪多多運動！

Step **1**

坐在沙發上，拍打大腿暗示貓咪，當貓咪跳上大腿時，按下響片，給予獎勵。

Step **2**

伸出手指，誘導貓咪從大腿上往另一邊跳下去。貓咪跳到地板上的那一刻按下響片，並在地板上給予獎勵。

Step **3**

要立刻從另外一邊跳下去，喵～

學會Step 2之後，淺坐在沙發上，讓貓咪重複練習跳上大腿，並立刻往另一個方向跳下去的動作。貓咪跳上大腿又跳下去的那一刻按下響片，並在地板上給予獎勵。

Step **4**

伸出其中一隻腳，如同之前跳上兩腳大腿的動作，讓貓咪跳上單腳大腿後再跳下來。貓咪跳離的那一刻按下響片，並且給予獎勵。

Step **5**

學會Step 4之後，就可以練習讓貓咪跳上單腳之後馬上跳下來。此時大腿要往貓咪跳下的那一側稍微傾斜，以方便牠們跳下來。

Step **6**

靠坐在沙發上，其中一隻腳慢慢伸直，讓貓咪練習跳躍。只要貓咪跳過伸直的那隻腳，就按下響片，並在地板上給予獎勵。

Step **7**

拍打大腿之後，立刻指示方向，說出「跳」這個指令。貓咪若成功跳躍，就稱讚牠是「乖孩子」，並且給予獎勵。

你這小子
竟然這麼難纏
喵～

狩獵生死鬥

這是刺激捕捉獵物本能的狩獵遊戲。
要好好掌握配合貓咪精湛演出的訣竅喔。

　　這是為了讓飼主學會刺激貓咪本能的訣竅而設計的遊戲項目。

　　從我們人類的立場來看，貓咪追趕與捕捉東西的模樣只不過是一種「遊戲」，然而對貓咪來說，卻是為了取得糧食的生死之鬥。就算是平常過得慵懶悠哉的家貓，狩獵的本能也並未因此而抹滅。所以飼主千萬不要把這當做是打發時間的休閒遊戲，要認真拿起逗貓棒，好好地扮演獵物這個角色。貓咪的獵物大多為老鼠、小鳥、蛇與昆蟲，因此甩動玩具時，不妨想想這些獵物通常都藏身在什麼樣的地方、有什麼樣的動靜。貓咪通常會空腹狩獵，所以不妨在餵食前陪牠們玩這個遊戲。另外，貓咪大多在黎明薄暮時分行動，因此刻意將室內光線調暗也是讓「狩獵遊戲」氣氛熱絡的技巧喔。

【準備的東西】適合愛貓的玩具　【玩耍的頻率】每天練習 & 複習，讓貓咪運動一下！

抓鼠

Step **1**

模仿老鼠的動作甩動逗貓棒。用逗貓棒做出老鼠沿著房間角落鬼鬼祟祟行走，又突然停頓下來的舉動，吸引貓咪注意。

Step **2**

當老鼠被貓咪盯上，察覺到情況危急時，會立刻躲到陰暗處或洞穴之中。因此逗貓棒可以模仿老鼠這種模樣，沿著家具或地毯邊緣搖動，或是藏到地毯底下。

抓鳥

Step **1**

模仿小鳥的動作甩動逗貓棒。即使是貓咪，想要捕捉在天空飛的東西也不容易。所以貓咪感興趣的，是正在進食以及受傷或剛離巢不久，飛得不是很穩的小鳥。

Step **2**

試著用逗貓棒模仿在地上跳行的小鳥發現貓咪時，迅速飛離的樣子。甩動頻率需有急有緩，做出因為驚慌失措而啪嗒啪嗒發出拍翅聲，結果重心不穩，左右搖晃的模樣。

抓蛇

模仿蛇的動作甩動逗貓棒。將逗貓棒置於地面，甩出 S 型。時而緩慢，時而急促，游移的方式可以多花些巧思。

抓蟲

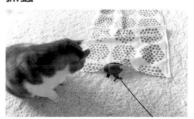

有些貓咪會捕捉昆蟲，因此要好好練習昆蟲的舉動。模仿躲在枯草裡的昆蟲，將逗貓棒放在報紙或紙袋底下，移動的時候要發出窸窸窣窣的聲音。

利用益智餵食器
一起玩耍吧

讓貓咪動動腦筋，多花些時間吃東西！

　　趣味益智餵食器（以下簡稱益智餵食器）是一種可以讓貓咪一邊玩耍，一邊動腦食用正餐與零食的餵食器。讓貓咪的生活環境稍有變化，活動時動動腦筋，不僅可以適度刺激貓咪，同時還能夠讓牠們帶著愉悅的心情進食，這正是所謂的環境豐富化（Environmental enrichment）。而善用這個方法的工具，就是益智餵食器。

　　動物絕大部分的活動時間原本就是用於採食。而貓咪的採食行動就是「狩獵」。所謂「狩獵」，不光是捕捉獵物進食，它還包括為了捕捉獵物而巡邏勢力範圍、找尋獵物以及埋伏等行為。既然如此，那麼飼養在室內的家貓生活又是如何呢？時間到了，食物就會整碗出現在眼前，或是一整天碗裡都有飼料……。這樣的生活方式，造成貓咪天性中所需的活動時間失衡。因此，我們必須讓家裡的貓咪多花點時間與精神在吃上面。而要推薦的其中一個方法，就是益智餵食器。

　　益智餵食器可以自己手工製作或是購買市售品。無論選擇為何，最重要的是安全。因為一個不小心，就有可能發生意外，尤其是剛開始使用的時候，飼主一定要在旁邊觀察，一邊確認安全與否，一邊用益智餵食器餵貓咪吃飯。

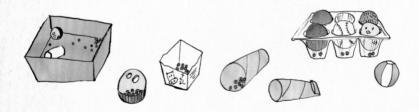

構造簡單的益智餵食器種類形形色色。以上圖為例，由左依序為：將零食撒在空盒中的餵食器；在扭蛋空盒上鑽洞，滾動時裡頭的零食會掉出來的餵食器；牛奶紙盒剪成貓咪嘴巴勉強可以碰到底的高度，再把零食放進去的餵食器；將數粒零食放入滾筒衛生紙紙芯的餵食器，以及將貓咪的玩具放在空蛋盒中，底下藏著零食的餵食器。

留意貓咪的感受，使其樂在其中

① **視覺** 貓咪在找尋零食時，相當依賴視覺。因此準備的時候，不妨多加利用透明容器。

② **聽覺** 貓咪對聲音非常敏感，通常是靠聽覺找尋獵物，所以會發出聲音的益智餵食器比較容易引起貓咪的興趣。

③ **嗅覺** 據說貓咪食欲不振時，讓牠聞聞食物味道的話，有時會願意吃個幾口。可見貓咪的食欲與嗅覺有關。所以剛開始使用益智餵食器的時候，不妨放些氣味較濃郁的零食。

對貓咪來說，只會納悶「這什麼呀？」

　　飼主準備好益智餵食器之後，如果只是一股腦兒地把它放在貓咪面前的話，貓咪只會呆坐納悶「這什麼呀？」。因為這樣完全無法吸引貓咪，所以我們必須花點心思，讓貓咪能夠開心地使用這個新玩具。在設法刺激貓咪的視覺、嗅覺與聽覺時，最重要的就是思考如何讓貓咪愛上益智餵食器。當貓咪對益智餵食器感到好奇，並且用前腳觸碰、用鼻子去聞的時候，要立刻按下響片，給予獎勵，讓貓咪知道即使沒有零食跑出來，只要觸碰益智餵食器就對了。像這樣一起邊玩邊練習的話，貓咪就會慢慢知道如何從益智餵食器中挖出零食來吃了。

　　另外一個重點，則是先降低益智餵食器的難度，讓貓咪一開始能夠輕鬆地挖出零食享用。起初放入幾乎要從益智餵食器中滿出來的零食，讓貓咪一下子就能夠吃到。若貓咪挖了兩三次卻還是吃不到的話，就代表難度太高。剛開始先設計成簡單的遊戲方式，讓貓咪心想「好～等等也要加油」。只要這麼做，就能夠讓牠們愛上益智餵食器。

　　即使忙到沒有時間陪伴貓咪，不在家的時候照樣可以充分利用益智餵食器，將它當做遊戲的一種，融入貓咪的生活之中。而為了讓貓咪保持新鮮感，試著挑戰製作新的益智餵食器或是輪流替換使用吧。

整頓貓咪的活動空間

一起動腦想想讓貓咪的生活更舒適的一些必備要素吧。記住,除了思考什麼樣的物品符合貓咪天性之外,還要掌握寶貝貓咪的喜好。至於標上號碼的物品,可參考P62-63的說明。

|1| 喝水處

至少準備2個喝水的地方,
並且要勤於換水。

|2| 貓廁所

在客廳等溫暖的地方設置
貓砂盆,數量必須是飼養
的貓咪隻數＋1。

|3| 貓窩

在房間數處放置柔軟
的墊子或貓咪專屬的
床。

室外對貓咪而言可說是危險重重，因此建議讓貓咪只待在室內生活。但與其讓牠心想「外面比較好」，不如讓牠覺得「可以開心玩耍的地方更棒」。接下來要介紹幾個訣竅，這樣各位在佈置的時候，就可以知道要怎麼做才能夠營造出一個讓貓咪過得更開心的家。

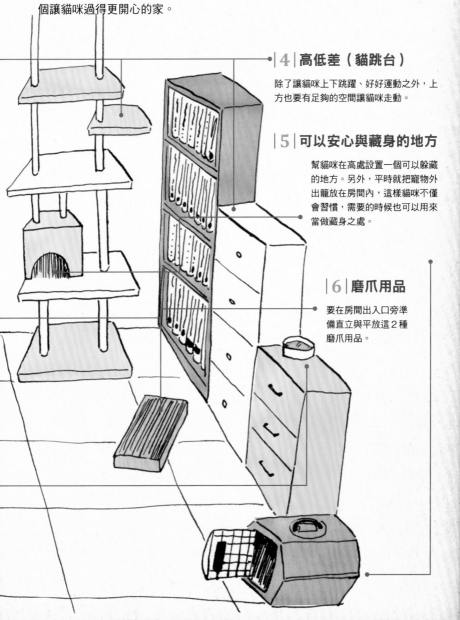

4 高低差（貓跳台）

除了讓貓咪上下跳躍、好好運動之外，上方也要有足夠的空間讓貓咪走動。

5 可以安心與藏身的地方

幫貓咪在高處設置一個可以躲藏的地方。另外，平時就把寵物外出籠放在房間內，這樣貓咪不僅會習慣，需要的時候也可以用來當做藏身之處。

6 磨爪用品

要在房間出入口旁準備直立與平放這２種磨爪用品。

對貓咪而言，何謂良好的生活環境？

為了讓只在室內活動的貓咪擁有舒適快樂的生活，我們必須打造一個完善的空間，並且好好地陪牠們玩。就算是待在家裡，也要讓貓咪過得開心喔。

貓咪原本是生活在戶外並以狩獵為生的動物。「狩獵」構成牠們的自我認同。我們人類必須體認自己剝奪了貓咪「狩獵」的權利，而可否提供「某些」替代物品，這與飼養在室內的貓咪是否開心息息相關。貓咪就算肚子不餓，一樣會打獵。與其說牠們是為了吃，不如說捕捉獵物這件事帶給牠們樂趣。換言之，對生活在室內的貓咪而言，利用家中的玩具玩「狩獵遊戲」是非常重要的。關於這個部分，可以參考P56-57的「狩獵生死鬥」中的「抓鼠、抓鳥、抓蛇、抓蟲」，以及P58-59介紹的益智餵食器。

思考貓咪在外生活的危險性

在整理貓咪的房間之前，先重新思考一下，萬一貓咪跑去室外會發生什麼事。以下列出的這幾個項目，是貓咪只在室內生活時可以預防的意外。

・交通事故等意外　　　　　・感染到疫苗無法預防的疾病

・懷孕（如果沒有結紮的話）　・與其他貓咪打架受傷

・被沒有同情心的人帶走或虐待

設置在貓咪活動空間的物品

很多人習慣把貓咪的生活用品統統聚集在同一處，這樣是不行的。因為貓砂盆不可以緊鄰貓咪的水碗與食盆，而磨爪用品如果沒有放在貓咪喜歡磨爪做記號的地方，那麼牠們就極有可能在其他地方亂抓。為了心愛的貓咪，讓我們營造一個可以讓牠們興奮狩獵的生活空間吧。

|1|貓廁所

就健康管理這點來看，會建議飼主把貓砂盆放在客廳等能夠觀察貓咪排泄情況的房間。數量至少要比飼養的貓咪隻數多一個，但不可以放在房間出入口等人類經常走動的地方或電視機旁，而且還要準備一個沒有上蓋、盡可能大一點（寬一點）的貓砂盆（最好超過貓咪體長1.5倍）。另外，使用凝結貓砂時，建議使用塑膠材質的貓砂盆。

|2|喝水處

水要盛入不容易打翻又穩固的容器之中，並且分散擺在屋內各處。不過有的貓咪習慣用前腳沾水喝，因此水碗周圍要盡量保持乾爽，此外別忘了勤於換水。

|3|貓窩

玩耍之後稍微休息一下或睡個午覺也是貓咪的工作。牠們喜歡柔軟的地方，因此可以在屋裡多準備幾個貓床、吊床與柔軟的毛毯，讓貓咪可以隨處休息。

|4|高低差（貓跳台）

飼養在室內的貓咪需要可以上下＋左右運動的場所。別以為只要擺個貓跳台就行了，這是錯誤觀念，因為貓咪需要的並不是上下跳躍，而是【上下跳躍、左右走動運動】。生活在室外的貓咪會跳上屋頂，沿著牆壁橫向行走，因此我們擺置家具時也要多花心思，務必營造一個讓貓咪在家中也能夠上下＋左右運動的空間。

|5|可以安心與藏身的地方

除了因為害怕而找地方躲起來，貓咪在「狩獵」的時候也會藏身埋伏。如果能夠準備一個可以在高處舒適休息，或可以隨時探察外面、略微隱密的空間，貓咪會更安心。另外建議把寵物外出籠放在房間裡，這樣不僅貓咪多了一個藏身之處，裝籠外出時也比較不會讓牠們感到害怕。

|6|磨爪用品

貓咪之所以會磨爪，是為了保養身為武器的貓爪及留下記號。而磨爪用品不管是直立式（右方照片）或平放式（P62上方照片），統統都要準備。直立的放在房間出入口附近，高度必須讓貓咪可以站起來抓。當然，每隻貓咪的喜好各不相同，因此要找到貓咪喜歡的磨爪用品，並且勤於換新。

Part 4

與貓咪一起生活
享受慵懶時光的美好篇

想要讓有貓咪陪伴的生活過得更開心充實，彼此之間必須奠定信賴關係，這點非常重要。為此我們搜集了幾個遊戲項目，讓飼主與貓咪能夠透過玩樂來加深彼此之間的信賴。不管我們多愛貓咪，這份心意會不會只是一廂情願呢？了解貓咪的心，知道自己所投注的愛能否讓貓咪感到舒適是一件非常重要的事。這一章的遊戲項目是以透過每日的練習來加深彼此之間的信賴關係為主，大家一定要挑戰看看。

欸欸欸～
你叫一下
我的名字看看？

愛上自己的名字

這就是讓貓咪愛上有人叫牠名字的
完美遊戲！

　　你為家中的寶貝貓咪取了什麼名字呢？可愛的名字、絞盡腦汁想出來的名字，還是充滿濃濃愛意的名字？送給寶貝貓咪的第一個禮物，就是毛小孩（貓咪）的名字。如果貓咪自己也喜歡這個名字的話，那該有多好呀。其實貓咪也可以把飼主為自己取的名字當成「最喜歡的聲音」。把【貓咪的名字】與【對貓咪來講是件好事】串連在一起非常重要。因此在呼喚貓咪的時候，不是以有求於貓咪的心情，而是要懷抱著謝謝你一直陪伴著我的心意，並且給牠最喜歡的零食。讓貓咪愛上自己的名字，這樣當牠生病或不安的時候，只要叫貓咪的名字，牠就不會惶恐不安了。

【準備的東西】零食　【玩耍的頻率】每天練習＆複習，加深彼此的信賴！

已經熟悉自己名字的貓咪

Step
1

靠近貓咪之前，手裡先拿著3～5粒零食再叫牠的名字。叫名字之前不可以讓貓咪看到零食；叫牠的名字時，握著零食的那隻手也不可以動，因為暗示過於複雜的話，貓咪會無法理解。記住，一定要按照1.叫牠的名字；2.給牠零食這個順序來進行。

Step
2

一邊叫牠的名字，或叫了名字之後再靠近貓咪。為了讓貓咪明白這是牠的名字，叫的時候只叫一次，不要連續叫好幾次。此時如果與貓咪四目相對，就一邊慢慢眨眼，一邊靠近。

Step
3

掌心放一粒零食，伸向貓咪面前。當貓咪吃完時，叫牠的名字，再給牠一粒。相同步驟重複數次。零食全部吃完後，靜靜離去，絕對不可以對貓咪說話，例如問牠「好吃嗎」之類的。

還不熟悉自己名字的貓咪

Step
1

還不習慣自己名字的貓咪也一樣，手裡先拿著3～5粒零食，準備好了之後再叫牠的名字。這時候不要一直叫名字，先口齒清晰地叫牠一次，讓貓咪記住名字的正確「發音」就可以了。

Step
2

靠近貓咪。位在貓咪的斜前方，不要看牠的臉，而是把視線放在牠整個身體上，同時慢慢靠近。從正面一直盯著貓咪看且企圖靠近的話，反而會讓牠緊張。

Step
3

位在斜前方而不是貓咪的正對面，避開牠的視線，將零食放在貓咪面前。貓咪正在吃的時候，絕對不可以一直盯著牠看。不斷重複喊名字、給零食這個步驟，放下最後一粒零食之後即可靜靜離去。

可愛的喵喵聲

**如果你覺得家裡貓咪的叫聲大得令人困擾的話，
那就讓牠練習用可愛的聲音喵喵叫吧！**

貓咪的叫聲真的很可愛。但其實除了幼貓及繁殖這兩個時期之外，貓咪這種
動物並不會透過叫聲來溝通。而且叫聲如果可愛就算了，偏偏有時候牠們的聲音
會讓人覺得有點吵。貓咪為什麼會叫呢？那是因為有事要和飼主說。第一個可以
想到的，就是「陪我玩！不要不理我！」。寶貝貓咪如果常常喵喵叫，不妨挑戰
本書中的遊戲項目，想一些可以多陪貓咪玩耍的方法。既然貓咪希望和飼主在一
起，那麼就多陪陪牠，這一點非常重要。貓咪發出可愛的叫聲時，好好地回應
牠，享受家中寶貝貓咪惹人憐愛的喵喵聲吧。

【準備的東西】零食
【玩耍的頻率】每天練習＆複習，加深彼此的信賴！

這是只有貓咪在叫的時候才能夠進行的遊戲項目，而且不會用到響片。為了準確抓到貓咪發出可愛叫聲，或輕聲喵喵叫的這個時間點，獎勵要放入保鮮盒等容器之中，以便隨時攜帶。

把獎勵藏在手裡，當貓咪用可愛的聲音喵喵叫時，先回應牠「什麼？」再慢慢靠近。此時即使與貓咪四目相對，也不要一直盯著牠看，否則會讓牠緊張，這一點要注意。

把藏在手中的獎勵給貓咪。剛開始的回應要統一（這裡是使用「什麼？」），並且重複貓咪每叫一次就回應一次，同時給予獎勵這個步驟。

當貓咪用可愛的叫聲叫你時，除了「什麼？」還可以回應牠「在這裡」、「怎麼了？」，試著用其他話回應，以享受與貓咪對話的樂趣。

Point

貓咪如果太常叫的話，久而久之，飼主可能就不會每次都回應。其實只要回個話，看看貓咪，即使沒有給牠獎勵也沒關係。雖然如此，最好還是每回應幾次就給牠一個獎勵。另外，遇到這種情況時，不妨試著加入「等一下」這句話。說了「等一下」之後，如果貓咪還是繼續叫的話，就先暫時不要理牠，等手邊的事情都處理完了，再來回應牠的叫聲，並且給予獎勵。

過來～！
集合囉！

過來

叫貓咪「過來」時，會希望牠來到身邊！
這就是可以滿足如此心願的遊戲。

　　叫貓咪「過來」的時候，如果牠們都會乖乖過來的話，那可是會讓人樂翻天。所以進行這個遊戲時，只要貓咪走到身旁，就給一些會讓牠們開心的獎勵吧。倘若你是一個會回應貓咪期待的飼主，相信牠們心裡一定也會想「他叫我的話，就過去吧」。「過來」這個遊戲要從終點開始練習。也就是說，完成式並不是「過來你這邊」，而是「待在你身邊」。剛開始練習的時候，不需要讓貓咪走動，對待在你附近的貓咪說聲「過來」並且給予獎勵就好了。只要牠們明白待在飼主身旁就會有好東西吃的話，即使與身為飼主的你距離有點遠，貓咪照樣會乖乖走到你身旁。記住，叫牠們「過來」時，一定要立刻給獎勵喔。

【準備的東西】零食
【玩耍的頻率】每天練習，直到學會，之後還要每天複習，以加深彼此的信賴！

Step **1**

坐在貓咪附近，口齒清晰並溫柔地說一次「過來」。就算貓咪毫無動靜，也要立刻給牠獎勵。

Step **2**

每天重複數次Step 1。效法讓貓咪記住「響片＝零食」這個響片遊戲的方式，讓貓咪牢記「過來＝零食」。

Step **3**

除了坐著，飼主站著的時候也要練習。說一次「過來」，並且立刻給予獎勵。

Step **4**

貓咪吃零食的時候，靜靜後退一步，貓咪吃完時，再說一次「過來」。貓咪如果靠近，就在自己的身旁餵牠吃零食。

Step **5**

坐在沙發上，或以其他姿勢練習。當貓咪靠近時，一定要在身旁餵牠吃零食。

Step **6**

這個練習絕對不可以失敗，這一點非常重要。當貓咪朝向飼主的方向看時，盡量發出「過來」這個指令。

Step **7**

與貓咪一起養成「過來＝零食」這個規則。如此一來，只要說「過來」，貓咪就會乖乖走到你身旁。

Point

貓咪採取行動之後，如果出現獎勵的話，就會一直重複做相同的舉動，所以當貓咪走向自己時，第一件事就是立刻給牠獎勵。訓練的訣竅，在於一邊重複成功的動作，一邊慢慢拉開與貓咪的距離。

這段時間
是最幸福的
時刻了，喵♡

幸福抱抱

討厭受到拘束的貓咪與想要滿懷愛意抱著貓咪的飼主。
這是可以讓兩者的心慢慢靠近的遊戲項目。

　　有什麼事情比將貓咪擁在懷裡還要幸福呢？尤其對於喜歡貓咪的人而言，擁抱貓咪是一件非常甜蜜的事。無奈大多數的貓咪都不喜歡受到束縛。不過，應該還是有不少人會在心裡想：話雖如此，但我還是想要抱牠！更何況有許多場合需要把貓咪抱起來。特別是為了守護貓咪的健康，最好是讓牠們願意給人抱。而為了拉近想把貓咪擁入懷中的飼主與不喜歡受到束縛的貓咪這兩者之間的距離，飼主盡可能學會對貓咪身體比較不會造成負擔的抱法也非常重要。接下來，讓我們一邊開心玩樂、一邊練習，奠定讓貓咪想要人家抱抱的信賴關係吧。

【準備的東西】以彈舌（P20）為暗示、零食
【玩耍的頻率】每天練習，直到學會，之後還要每天複習，以加深彼此的信賴！

Step **1**

讓貓咪和P53一樣跳到大腿上，並且習慣飼主手臂的動作。慢慢移動其中一隻手的前臂，彈舌之後給予獎勵。貓咪習慣之後，另外一隻手也如法炮製。當貓咪不再在意飼主手臂的動作之後，便可進行Step 2。

Step **2**

讓貓咪習慣飼主以其中一隻手的前臂觸摸牠的身體。碰到毛梢的那一刻彈舌，並且給予獎勵。以相同力道重複觸摸貓咪5次。待貓咪習慣之後，另一隻手臂也以相同方式練習。

Step **3**

讓貓咪習慣飼主以其中一隻手的整隻手臂觸摸牠的身體。摸到毛梢的那一刻彈舌，並且給予獎勵。單手重複相同步驟5次，並且一邊慢慢加強觸摸力道，一邊讓貓咪習慣。另外一隻手臂也以相同方式練習。

Step **4**

接下來是雙手並用。其中一隻手摸到貓咪之後，另外一隻手也觸摸貓咪身體1秒，並且彈舌，給予獎勵。相同步驟重複5次之後，一秒一秒地拉長時間。當貓咪能夠接受飼主抱牠10秒時，將其中一隻手移至貓咪的下半身，以環抱的方式觸摸。

Step **5**

試著讓貓咪在大腿上做出P37的掛臂站立。對貓咪來說，站在大腿上進行這個遊戲項目算是另一項全新的行為，所以要從頭練習。手臂的位置放低一點，或幫助貓咪稍微捧起牠的雙腳，好讓牠的前腳能夠順利掛在手臂上。

Step **6**

完成掛臂站立之後抬高手臂，一邊托住貓咪下半身，一邊抱起牠。托起貓咪後腳的瞬間彈舌並給予獎勵，重複練習這個動作，並且慢慢拉長抱的時間。

好舒服～
好想睡喔……

全身摸摸

與貓咪培養感情的同時可以順便檢查牠的健康狀態，
有什麼遊戲比這個還要令人開心呢？

　　撫摸貓咪全身不僅可以培養彼此之間的感情，還可以順便檢查貓咪的健康狀態，這一點非常重要。因為貓咪反抗，所以碰不得、摸不了的人一定要利用這個機會挑戰一下，並且好好掌握比較容易讓貓咪接受的撫摸方式。不過，進行的時候不可貿然伸手，先試著將牠抱在懷裡練習。突然伸出手來摸貓咪與先打聲招呼之後再搔撫，這兩種方式對貓咪來說有何不同？抱在懷裡撫摸的話，貓咪又會有何感受？各位不妨先在腦子裡設想一下情況再進行。就算心裡覺得一定沒問題，但對方畢竟是貓。不少貓咪表面看起來沒事，但其實內心格外敏感，所以摸牠們的時候要盡量溫柔一點喔。

【準備的東西】　無
【玩耍的頻率】　每天練習，直到學會，之後還要每天複習，以確認貓咪的健康狀態！

Step
1

當貓咪慢慢坐下來休息時，先和牠說話，再伸手觸摸。剛開始撫摸的時候不要用手掌，而是用手背從耳朵後方沿著肩胛骨，感覺就像是飛機著陸般輕撫。

Step
2

一樣試著在貓咪背部與身體兩旁輕撫。摸的時候，慢慢從手背改為手掌。另外一隻手也輕輕扶住貓咪，加以輔助。

Step
3

移動雙手。找到貓咪喜歡的地方並加以撫摸，同時另一隻手從貓咪前腳根部向下朝腳爪輕撫。同樣地，腹部也試著撫摸看看。一邊注意貓咪的表情，一邊用手掌輕撫。

Step
4

記住貓咪感覺舒服的地方，同時以單手撫摸。手掌模仿飛機起飛的樣子輕輕遠離，而且左右兩側都要練習。

Step
5

同樣地，一手放在貓咪感覺舒服的地方，一手從腰部摸到後腿，再延續到腳爪。摸的時候如果手太冰冷，貓咪會感到不舒服，所以撫摸時要注意手的溫度。

Step
6

就算無法一次兩邊都摸也沒關係，慢慢來無妨。最後加強撫摸貓咪感覺舒服的地方就可以了。不管是輕拍腰部，還是搔抓脖子，只要是毛小孩喜歡的地方，就為牠多摸一會兒吧。

今天的毛
順不順呀？

梳理貓毛

**磨練出可以滿足貓咪的本事，
每天梳理貓毛，讓貓咪更健康吧！**

　　想要讓貓咪過得更健康，就一定要幫牠梳理貓毛，這一點非常重要。然而梳毛對貓咪來說，卻是一段相當討厭、不得不忍耐的時間，真的很可憐。所以我們要延續P74-75的全身摸摸這個遊戲來為貓咪梳毛，好讓牠們習慣。這個遊戲項目會用到理毛梳，不過每隻貓咪喜歡的梳子形狀與觸感都不同，因此找尋牠們習慣的理毛工具也同樣重要。另外，梳毛的時候切記一點，千萬不要讓貓咪感覺「會痛」。貓毛打結的話，硬扯當然會痛。這時候要一手壓著貓毛，盡量不要扯痛貓咪，一邊細心溫柔地幫貓咪把毛梳開。

【準備的東西】貓咪喜歡的理毛梳、響片、舔舐類零食
【玩耍的頻率】每天練習，直到學會，之後還要每天複習，以加深彼此的信賴！

Step 1

其中一隻手掌塗上舔舐類零食。一邊讓貓咪舔食，一邊用理毛梳的梳背輕撫背部。也就是要先與貓咪建立「理毛梳＝零食」這個規則。

Step 2

如果貓咪覺得理毛梳是好東西，而且看到之後願意靠近的話，就把梳齒放在貓咪身上。這個時候還不要梳理貓毛，梳子稍微平放，輕撫而過就可以了。

Step 3

將梳齒放在貓咪身上開始輕撫時，立刻讓牠們舔食塗抹在手掌的零食，並趁牠們舔的時候稍微梳理。一定要注意，盡量別拉扯貓毛，梳的時候也不要太用力，以免貓咪感到疼痛。

Step 4

一手讓貓咪舔食塗了零食的掌心，同時另一手梳整貓咪的毛其實並不輕鬆。等貓咪舔得差不多時，按下響片。每舔完一次就按一次，並且給予獎勵，同時慢慢增加梳毛的次數。

Step 5

將規則從「理毛梳＝零食」改為「梳毛＝零食」。貓咪在吃獎賞的時候不要碰牠。另外，如果貓咪吃完獎賞後就轉身離開的話，不要追著牠再繼續梳毛。

Step 6

就算貓咪已經習慣梳毛，而且會乖乖地讓飼主把貓毛梳理整齊，梳的時候還是要把另外一隻手放在貓咪身上，這是為了避免萬一有貓毛打結，梳理會讓貓咪疼痛並留下不愉快的回憶。稍微梳開之後，要稱讚牠是「乖孩子」，並且給予獎勵。

文：青木愛弓

建立信賴關係

變成放羊的孩子會怎麼樣呢？

誰理你呀

過來

教會「過來」這個指令之後，飼主自己什麼都不用做，只需喊一聲，貓咪就會乖乖地走過來，真的非常好用。練習的時候只要貓咪過來，就一定會給牠獎勵，但隨著愈練愈順手，我們常常會以為「不用給牠獎勵也能做到」。的確，貓咪並不會因為飼主忘記準備獎勵一、兩次就突然不行動。即使久久才給一次獎勵，貓咪還是會繼續做下去。然而，如果完全不給獎勵的話，牠們走到飼主身旁的舉動會大幅減少。遇到這種情況時，我們往往會以「沒辦法，貓天生不受拘束……」如此的成見做結論，卻沒想到這是因為我們讓貓咪學到「不管怎麼做，都不會有什麼事情發生」所導致的結果。聽到飼主說「過來」，但急忙過去之後，卻發現根本「沒事」、「只是叫一下而已」。這樣的情況發生幾次之後，就算是我們人類，也會出現相同舉動，不是嗎？

欺騙貓咪的話會怎麼樣呢？

過來～

過來～

看穿伎倆了

當貓咪學會「過來」以及肯讓人抱之後，就不用為了抓牠們而四處追著跑，更不需要痴痴等待躲起來的貓咪自行露臉，因為牠們會主動走到你身旁，這麼棒的指令，豈有不用的道理？提到「過來」這個指令，貓咪只要聽到就會自動走到飼主身旁，這想要抓牠可說是輕而易舉；把牠抱起來的話，裝籠外出或測量體重更是不成問題。然而，過沒多久，貓咪卻變得叫不來也抱不到。「貓咪比較任性，所以……」此時心裡又會冒出這樣的成見做結論。當然，貓咪出現這種情況是符合行為法則的。因為牠們發現採取行動之後，出現了寵物外出籠這個把牠們帶到醫

院、害牠們恐懼不安，以及陌生的體重計這些討厭的東西，所以牠們不願再有所行動。

既然會出現討厭的東西，當然就不會採取引來那些東西的行為。但是遇到喜歡的零食以及討厭的東西同時出現時，貓咪會怎麼做呢？有了幾次經驗之後，貓咪自然會懂得分辨，最後變成有獎勵才採取行動。看到這句話，你是不是又開始想：「誰叫貓咪那麼任性……。」然而撕下這樣的標籤，站在行為法則的觀點來思考的話，你會發現貓咪的學習能力其實很強。

誠實以對的話會如何呢？

最後關於貓咪，我們常聽到的就是「貓是沒有辦法調教的」。然而就之前提到的例子來看，你會發現貓咪在採取行動的時候，並不會做一些無謂的事情惹人嫌。雖說是為了貓咪好，但出其不意與強人所難只會讓貓咪一直對飼主有所防備。

想要獲得貓咪的信賴，唯一的方法就

過來─

開心地跑來

是與牠們約定，絕對不做會讓牠們討厭的事，而且絕不食言。不喜歡的事就用會讓牠開心的方式教導。貓咪聽到「過來」這個指令之所以會照做，是因為採取行動之後會出現令牠開心的事。「你過來了耶～」、「謝謝！」、「你好棒哦！」千萬不要忘記這樣的心意。記住，我們畢竟無法用語言與貓咪溝通，所以心中想對牠們說的話，一定要好好地透過每一粒零食來傳達。

缺乏耐心也不用擔心

不過，教導與訓練都是需要「耐心」的。無奈的是，「耐心」這兩個字往往讓人覺得好像要永無止境地重複那些枯燥乏味的事。

貓咪踏實學習的軌跡是帶給我們開心喜悅的「獎勵」。利用食物犒賞貓咪的教導與訓練，並非單純只是為了稱讚牠們，身為飼主的人類其實也能樂在其中，並且持續下去。如果因為偏見而錯失這個樂趣的話，坦白說，真的很可惜。

Part 5

以長壽貓為目標！
透過遊戲管理健康篇

藉由遊戲與貓咪一同訂立規則或是加深信賴關係之後，就可以應用已
經學會的遊戲項目來幫助貓咪管理健康了。如果突然把貓咪抓來做一
些牠原本就不喜歡的事情，例如剪爪子或餵藥，只會讓牠更討厭。而
強行壓制的話，又會破壞彼此之間好不容易建立起來的信賴關係。做
這些貓咪不喜歡的事情時，如果能夠一邊玩耍，一邊營造一段快樂回
憶的話，說不定有所需要時就可以派上用場，有效紓解貓咪的壓力。
為了不失去貓咪對我們的信賴，利用這些遊戲項目好好練習吧。

測量體重

與貓咪一起開心練習，
這樣才能夠順利測量體重，有助管理健康。

　　貓咪的健康管理項目當中最重要的，就是測量體重。如果牠們能夠自己站在體重計上的話，管理起來不僅非常輕鬆，而且還能夠有空就測量。為了盡可能測量出準確的體重，本書建議大家使用嬰兒體重計。搭配「目測並且抱起來」的感覺，再用數字管理體重是不容忽視的。畢竟貓咪身上的毛量會隨著季節而變化，用看的並不容易看出體重增減，萬一太晚發現體重變化的話，極有可能讓貓咪陷入危險之中。為了避免貓咪過胖（或過瘦）的情況出現，身為飼主一定要善用本書的遊戲項目，並且給予貓咪獎勵，這樣才能夠順利測量，好好地為貓咪管理體重。

【準備的東西】體重計（最好使用嬰兒體重計）、響片、零食
【玩耍的頻率】每天練習，直到學會，之後也要每天測量，以便管理貓咪的身體狀況！

Step
1

先從讓貓咪接近體重計這個步驟開始練習。伸出食指，當貓咪走近一步就按下響片，給予獎勵。此時的重點，在於就算貓咪因為不習慣體重計而不肯接近，也不要急著逼牠踏上去。

Step
2

當貓咪習慣看到體重計時，就可以開始讓牠練習站在上面了。首先伸出食指，誘導貓咪走到體重計上。只要貓咪有一隻前腳踏上體重計，就立刻按下響片，給予獎勵。

Step
3

讓貓咪從單腳到兩隻前腳、再加上單隻後腳這樣的順序，一步一步逐漸踏上體重計。每次都要按下響片，給予獎勵，不過獎勵要放在體重計上。

Step
4

當貓咪的腳都踏上體重計時，在上面放3～4粒獎勵。貓咪吃東西的時候會一直動，無法準確測量，因此要先稍微拉長貓咪停留在體重計上的時間。

Step
5

貓咪踏上去之前，先按下體重計的開關，站上去之後給牠一粒獎勵，吃完時再追加一粒。接下來慢慢拉長拿出獎勵的時間，以便延長貓咪停留在體重計上的時間。

Step
6

當貓咪踏上體重計之後，即使不給獎勵，牠也可以安心地趴在上面一段時間時，就可以正確測量體重了。量完體重的時候，要記得給牠獎勵喔。另外，為了貓咪的健康，最好每天都幫牠們量體重。

修剪爪子
注意儀容
喵～！

修剪爪子

捨棄「趁貓咪熟睡時偷剪」這個壞習慣，
試著一邊請貓咪乖乖合作，一邊攜手挑戰剪爪子吧！

　　與貓咪一起生活時，最需要幫牠們打理的代表項目就是修剪爪子，似乎有不少飼主為了這件事吃足苦頭。即使飼主修剪時不費事，貓咪還是會覺得這是一件「非常討厭的事」。偶爾聽說有些飼主是「趁貓咪熟睡的時候偷剪」。可是對貓咪來說，「家」應該是一個可以讓牠安心的地方。而對飼主來說，提供貓咪一個「真心相信這裡是一個可以安心生活的家」，是將牠們飼養在室內時應該要達成的目標。對貓咪而言，如果住在同一個「家」裡的人會趁自己熟睡時，偷偷對自己做討厭的事情的話，牠們就無法在這個「家」裡安心生活。為了不讓修剪爪子變成一件雙方都覺得有點討厭的事，好好透過這個遊戲項目與貓咪一起練習吧。

【準備的東西】貓用指甲剪、以彈舌（P20）為暗示、零食
【玩耍的頻率】每天練習，直到學會，之後就一天剪一根吧！

Step
1

將貓咪抱在大腿上，要牠「握手」。修剪爪子的時候無法拿響片，因此要以彈舌的方式來暗示，並且給予獎勵。貓咪「握手」後，輕輕握住牠的前腳，彈舌之後給予獎勵，相同步驟重複5次。

Step
2

另外一隻沒有握住貓腳的手拿著指甲剪給貓咪看並且彈舌，接著拿開指甲剪，放開貓咪的前腳，將獎勵放在手掌上。這個步驟與Step 1一樣重複5次。

Step
3

讓貓咪擺出與Step 2相同的姿勢，用指甲剪碰一下牠的前腳，彈舌並且給予獎勵。重複練習，直到貓咪的反應不再那麼激烈為止。不過一個循環做5～6次就得結束。

Step
4

讓貓咪擺出與Step 2相同的姿勢，一根一根地按下腳趾、壓出爪子。與Step 3一樣用指甲剪碰一下，彈舌並且給予獎勵。一邊輪流按壓各腳趾，一邊重複練習，直到貓咪不再在意為止。不過一個循環做5～6次就得結束。

Step
5

與Step 4一樣輕輕壓出爪子。指甲剪夾住爪子的那一刻彈舌，並且給予獎勵。重複練習時，一樣要輪流按壓各腳趾。這時也是一個循環做5～6次即可。

Step
6

照著Step 5的流程，剛開始只剪一根爪子。剪好之後給貓咪格外美味的獎勵。爪子一天只剪一根，每次剪完之後都要立刻給特別的犒賞。這樣剪爪子比較不會對貓咪造成心理負擔。

好好吃！
再多給我
一些吧♡

練習餵藥

事先愉快練習，掌握訣竅，
餵藥的時候就可以減輕貓咪的壓力了。

　　就算家裡的貓咪目前都非常健康，一旦上了年紀，終有一天會需要餵藥，而且機率不低。這一天是尚且久遠呢？還是會讓人措手不及地到來？任誰也說不準。因此，平日就為了那一天而有所準備的話，遇到需要餵藥的時候，就不會對貓咪造成太大的壓力，並且能讓牠們勇敢積極地與病魔奮鬥。趁現在家裡的寶貝貓咪還很健康，不妨想想自己能夠為牠們做些什麼，以免遇到危急時刻懊悔不已。我們可以先用乾飼料當做藥丸來練習，這樣遇到真正得餵藥時，就可以充滿自信地讓牠們把藥吞下去。另外，我們還要練習如何用針筒餵貓咪喝水。至於點眼藥水，則蓋著瓶蓋練習。不管是哪個項目，練習的時候都盡量不要強迫貓咪。

【準備的東西】※記載於各項目之中
【玩耍的頻率】每天練習，直到學會，之後偶爾複習！

|吞藥丸|

【準備的東西】零食（乾燥零食與貓咪最喜歡的零食）
※進行時以彈舌（P20）為暗示。

Step
1

非慣用手先輕輕握拳，撫摸貓咪的頭，再慢慢改用手掌撫摸貓咪感覺舒服的地方。摸頭這個練習項目可以參考P41的解說。

Step
2

貓咪習慣Step 1之後，接著將手掌緊貼在牠頭上，手指像包住頭一樣輕撫而過。撫摸一次之後就立刻彈舌，將手拿開，給予獎勵。相同步驟重複練習數次。

Step
3

用手掌摸頭時，大拇指與中指要像輕輕拉起貓咪兩端嘴角般撫過，並且用這種撫摸方式讓貓咪的頭稍微往上仰。只要貓咪的頭朝上，就彈舌並給予獎勵。重複練習相同步驟，直到貓咪的整個頭會往上仰為止。

Step
4

整個手掌包住貓咪的頭部，使其將頭抬起，大拇指與中指擠壓兩邊的嘴角。這時候壓嘴角的話，貓咪會稍微打開嘴巴。壓住兩端嘴角的那一刻要彈舌，放手之後給予獎勵。

Step
5

非慣用手捏起切成小塊的零食。另一隻手的整個手掌包住貓咪的頭部，使其抬頭的同時，拿著零食的那隻手中指輕碰貓咪的下唇，並且在那一刻彈舌，放手之後給予獎勵。

Step
6

串連Step 4與Step 5，也就是整個手掌包住貓咪的頭部，壓住兩端的嘴角使其嘴巴張開，同時另一手中指拉開下唇。貓咪張大嘴巴的那一刻把零食往牠嘴裡丟，放手之後立刻給貓咪非常美味的獎勵。

※實際餵食藥丸的重點請見P89。

習慣針筒 【準備的東西】針筒、加水稀釋的舔舐類零食

Step
1

將貓咪喜歡的味道調成湯水。吸入針筒之後，直接在貓咪面前擠在盤子上，而且要刻意慢慢地擠。擠的時候就算貓咪因為等不及而舔食針筒前端也沒關係。

Step
2

重複Step 1的時候，如果貓咪只看到針筒就露出「趕快讓我吃裡面東西！」的表情，就直接餵牠喝裝在針筒裡的湯水，少量即可。

Step
3

接下來讓貓咪習慣用針筒喝東西時，飼主壓著牠的身體。首先一邊摸貓咪的頭，一邊餵牠喝針筒裡的湯水。如果貓咪不在乎這時有人摸頭的話，就可以進入Step 4。

Step
4

貓咪習慣Step 3之後，按照流程，像照片中一樣以手掌包住貓咪整個頭部，並且直接用針筒餵貓咪喝湯水。如果貓咪不排斥，就可以進入Step 5。

Step
5

飼主身體貼著貓咪，用整隻手臂壓住貓咪，但不要過於用力，輕輕環抱即可。剛開始練習時要像照片中一樣，輕碰之後就立刻放手，之後再練習一秒一秒地慢慢拉長時間。

Point

實際餵藥的時候，因為貓咪討厭藥物的味道，所以也可以先保定，之後再將針筒裡的藥水直接從貓咪嘴角灌入。另外，從針筒一點一點地擠出藥水其實比想像中困難，因此最好是模仿照片中用4根手指緊緊握住針筒，再用大拇指擠出藥水的方式來餵食。練習時，記得要在針筒裡灌入可口美味的湯汁喔。

｜點眼藥水｜

【準備的東西】眼藥水的容器（不需打開瓶蓋）、零食
※進行時以彈舌（P20）為暗示。

Step
1

一邊輕撫貓咪的頭，一邊讓牠看眼藥水，彈舌之後給予獎勵。這個動作練習 5 次。彈舌之後，將手拿開並給予獎勵。不喜歡讓人摸頭的貓咪就從P41的摸頭遊戲開始。

Step
2

貓咪習慣Step 1 之後，拿著眼藥水那隻手的小指根部貼放在貓咪的下巴上固定，另外一隻手的手掌一邊摸頭，一邊促使貓咪抬起頭來之後彈舌，放手並給予獎勵。

Step
3

與Step 2 一樣讓貓咪抬頭之後，立刻撐開牠的眼睛，假裝要點眼藥水。剛開始就立刻彈舌，之後再拉長時間，直到貓咪可以稍微等待為止。左右兩眼都要練習。

Point

不管練習哪一個遊戲項目，都有一個非常重要的共通點，那就是飼主必須習慣使用針筒或點眼藥水的工具，並且讓貓咪對那項工具與動作擁有良好印象。另外還有一個重點則是「如果貓咪反抗的話」並非就此作罷，而是「做的時候不要讓牠覺得反感」，或「在牠討厭之前」停止動作。只要那一刻對貓咪做了某件事，就立刻拿出美味的零食獎勵牠，這樣的規則一定要好好地與貓咪共同遵守，之後再慢慢拉長時間或增加力道，如此一來，練習的時候，貓咪就不會覺得是在「忍耐」，而是「算了，那就這樣吧」。
實際進行P87的吞藥丸時，餵食之後最好立刻讓貓咪喝水。也就是說，當貓咪吞下藥丸之後，必須立刻用針筒餵牠喝約5ml的水。此時如果改用可口美味的湯汁，對貓咪來說也算是一種獎勵，所以餵藥的時候，順便準備一支填滿美味湯汁的針筒吧。

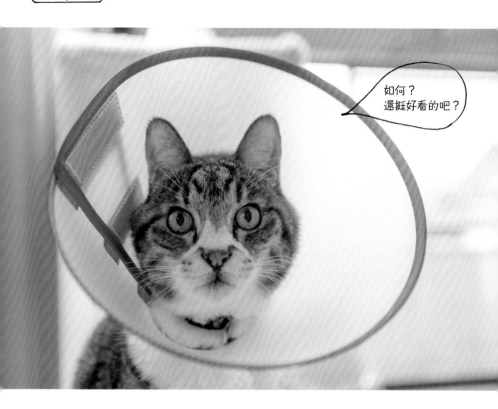

習慣喇叭頭套

**趁著貓咪還健康，一邊玩耍一邊讓牠們習慣戴喇叭頭套，
這樣有所需要的時候，才能夠減輕貓咪的壓力！**

　　這已經是十幾年前的往事了。當時家裡的貓咪因為身體不適需要戴上喇叭頭套（伊莉莎白項圈、防舔頭套），但牠第一次遇到這種情況，結果嚇得驚慌失措。只要一動就東碰西撞，想要四處走走卻動彈不得，搞到最後鬧起脾氣來……。

　　若是遇到一定得戴上喇叭頭套時，才慌慌張張地把貓咪抓來練習的話，只會白費工夫。貓咪都已經不舒服而且吃不下飯了，怎麼還能要求牠們練習呢？這些所謂生病時必須使用的東西，不少貓咪與飼主都是在理所當然而又無可奈何的心情下第一次使用。因此，為了讓貓咪事先習慣，趁著牠們還健康有活力時慢慢練習戴喇叭頭套吧。

【準備的東西】喇叭頭套、零食　※進行時以彈舌（P20）為暗示。
【玩耍的頻率】每天練習，直到學會，之後偶爾複習！

Step
1

先與貓咪玩鼻吻遊戲（P39）。進行的時候試著把手貼放在臉上。當貓咪的鼻子碰到自己的鼻子時，彈舌並且給予獎勵。

Step
2

讓貓咪看喇叭頭套，彈舌並且給予獎勵。相同步驟重複5次。接著慢慢地將喇叭頭套朝貓咪靠近。

Step
3

試著把手貼放在喇叭頭套前與貓咪鼻吻。鼻子觸碰的那一刻彈舌，放下喇叭頭套，並且給予獎勵。

Step
4

貓咪習慣之後把手拿開，試著把頭直接伸向喇叭頭套，與貓咪鼻吻。做到的話就彈舌，並且給予獎勵。

Step
5

接著慢慢地讓貓咪自己把頭伸向喇叭頭套與飼主鼻吻。貓咪如果反抗就不要強迫，並且回到上一個步驟，重複練習。

Step
6

抓住貓咪頭伸向喇叭頭套鼻吻的這個時間點，輕輕地把喇叭頭套繞到貓咪耳朵後方，並且在那一刻彈舌，給予獎勵。

Step
7

當喇叭頭套可以輕鬆地繞到貓咪耳朵後方時，便直接輕輕扣上。頭套扣好之後立刻彈舌，卸下之後給予獎勵。

Step
8

貓咪習慣之後，再次扣上頭套並彈舌，然後一粒一粒地給予獎勵，慢慢拉長貓咪戴著頭套的時間。全部吃完之後再將頭套卸下。

後面也要刷喔
喵～

愛上牙刷

**這是先用牙刷幫貓咪理毛，
最後再幫牠刷牙的遊戲項目。**

　　貓咪最喜歡梳整自己的毛髮了，而且每天都會從頭舔到尾，可惜的是，臉這個地方自己的舌頭卻舔不到。此時，就是牙刷登場的時候了。牙刷的觸感與貓咪的舌頭非常像，所以當貓咪乖乖窩在旁邊時，可以先用牙刷像舔毛般梳理牠的臉。等貓咪習慣之後，再慢慢地把牙刷伸進牠的嘴巴裡，一點一點地拉長時間，以達到幫牠刷牙這個目標。不過這個遊戲最重要的一點，就是不可以勉強貓咪。不要過於貪心想一次做完，就算可以順暢地進行到最後一個步驟也要分次進行，例如今天刷右邊，明天刷左邊，盡量在貓咪感覺舒服的短暫時間內幫牠把牙齒刷乾淨。

【準備的東西】兒童牙刷
【玩耍的頻率】每天練習，直到學會，之後還要每天複習，以便管理貓咪的身體狀況！

Step 1

這個遊戲項目必須在貓咪心情平和時進行。模仿貓咪舔毛的動作，用牙刷輕撫牠的臉頰、額頭與下顎等寶貝貓咪感覺舒服的地方。

Step 2

一邊確認貓咪是否感到舒適，一邊慢慢擴大梳毛的範圍。當貓咪不排斥牙刷梳整嘴巴周圍時，試著單手稍微翻開嘴唇，並且立刻摸摸牠的頭。

Step 3

當貓咪感覺似乎非常舒適的時候，翻開牠的嘴唇，用牙刷輕碰牙齒之後，再立刻摸摸牠的頭。進行的時候，記得隨時確認貓咪是否感覺舒適。

Step 4

慢慢拉長牙刷觸碰牙齒的時間。先將牙刷貼放在牙齒上，左右刷動一次之後，再好好地撫摸貓咪感覺舒服的地方。

Step 5

繼續拉長牙刷刷洗牙齒的時間，但千萬不要想把全部的牙齒刷乾淨。練習這些動作的時候，必須在貓咪感覺舒服的短暫時間內結束，如果今天刷右邊，那麼左邊就留到明天再刷。

Point

為了避免貓咪一看到飼主拿起牙刷想要幫自己刷牙時就逃跑，最好的方法就是讓牠愛上牙刷。而這個遊戲的目標，就是可以進展到幫貓咪刷洗上排牙齒的外側。提到刷牙，通常會讓人想到飯後進行，不過餵貓咪吃零食的時候，也可以一邊幫牠刷牙喔。

每天檢查排泄物，管理健康

養成每天檢查貓咪排泄物的習慣吧

　　管理貓咪健康最重要的，就是控制牠的餐飲、排泄與體重。這一節我們要介紹檢查貓咪排泄物的方法。除了保持貓廁所的清潔、觀察貓咪排泄的情況，我們還要做一張健康管理表，記錄貓咪一天上幾次廁所、分量有多少。這些都是為了維護貓咪的健康，以防萬一有任何狀況時可以盡早發現而必須做的事。

　　然而，即使是答得出貓咪大便次數的人，一問到貓咪尿尿次數這個問題時，恐怕就會語塞，答不出來。貓咪的大便異常時很容易發現，可是尿液的變化卻不容易察覺。再加上貓咪非常容易罹患泌尿器官這方面的疾病，因此觀察貓咪的尿液就顯得非常重要。在此建議大家，學會在家幫貓咪採尿之後，一定要定期送到動物醫院請醫師檢查。

　　接下來要介紹用湯勺幫貓咪採尿的方式，注意不要過於勉強，否則可能會產生貓咪因為有人看牠上廁所而不肯尿尿之類的問題。其實仔細觀察貓咪的排泄行為比採尿這件事還要重要，所以當貓咪一看到湯勺靠近就不排泄，甚至逃離廁所時，就不要再勉強。先以貓咪不介意有人看牠排泄為目標，等到牠願意在你面前上廁所時，就一手拿湯勺，一手拿零食等著給牠獎勵吧。

湯勺

集尿勺

※檢查尿液時使用的每一項工具都必須事先清潔，不然會影響檢查結果，這一點要特別留意。
※除了湯勺，還有一種可以用來採尿的海綿，叫做集尿勺。這兩種都是可以輕鬆採集貓咪尿液的工具。

練習採尿的方法

1 看到貓咪正在排尿的時候就走過去看。如果是有蓋子的貓砂盆，就把蓋子卸下來。貓咪上完廁所時，可以給牠獎勵。

2 貓咪突然看到會發亮的東西時偶爾會嚇一跳，所以要利用牠們上廁所時，先一手拿著採尿用的湯勺讓牠們看習慣。當貓咪走出貓砂盆看到湯勺時，給牠們零食吃。

3 一邊練習②，一邊觀察貓咪排尿的樣子，並且想像要從哪個方向才能夠順利採到尿液，同時還要仔細觀察貓咪的尿會從哪裡出來。

4 貓咪排尿的時候，要假想實際採尿的情況，以確認如何進行（此時尚未要採尿）。當正在排尿的貓咪對於在身旁移動的湯勺毫不在意時，便可進入下一個步驟。

5 試著把湯勺底部貼放在應該可以採到尿液地點旁的貓砂上。剛開始先放 1 秒，拉長到 5 秒之後，如果貓咪尿尿的姿勢沒有異狀，那麼下一次就可以試著正式採尿了。

6 實際採尿的時候同樣先從 1 秒開始。將湯勺伸向尿液噴灑的地方，過 1 秒就立刻收回。因為還在練習，就算不小心撈到貓砂也沒關係。

※學會幫貓咪採尿之後，要定期送到動物醫院檢查（持帶尿液的方式請遵照動物醫院的指示）。此外，自己也要試著看看貓咪的尿液，例如觀察尿液的顏色與氣味，以及檢查酸鹼值等，這些在家也可以做。記得要常常檢查，以便可以隨時察覺自家愛貓的尿液變化。

如果很難用湯勺幫貓咪採取尿液的話

萬一家裡的貓咪很難用湯勺或集尿勺幫牠採尿的話，那就想想其他方法吧。如果貓咪平常用的貓砂盆是雙層的，那麼就可以利用底層的托盤來採尿。這個時候底層不需鋪尿墊。尿液要送到動物醫院檢查時，以針筒或滴管將尿液吸起來，這樣就可以拿到醫院去了。
※最重要的一點，就是使用的貓砂與貓砂盆都必須是乾淨的。
※至於底層的托盤，也可以在上面鋪一層保鮮膜來集尿。

文：青木愛弓

何謂醫療護理行為訓練（Husbandry training）？

照顧貓咪的必要訓練

　　包括健康管理在內，教導動物一些在飼養管理時必須採行的行為稱為醫療護理行為訓練（以下簡稱醫療行為訓練）。據說這項訓練最初是為了管理飼養在水族館裡的海豚健康，因而應用了平時進行的表演技術，教導牠們躍上或是靠近泳池旁，也就是在訓練師與獸醫伸手可及的地方擺出可以為牠們檢查健康的姿勢等一連串的訓練。

　　至於養在家裡的貓咪，只要善用獎勵，同樣也能夠教導牠們第5章所介紹的趴在體重計上、張開嘴巴、修剪爪子，以及走進寵物外出籠等動作。

開心地一邊玩一邊訓練

　　醫療行為訓練包含了讓動物接受保定、觸碰身體，以及打針疼痛等一些不喜歡的行為。想要讓貓咪不在意那些牠討厭的行為，可以在令牠感到不快、不安及恐懼的刺激出現的同時，給予獎勵用的零食，如此一來，貓咪就會慢慢地坦然接受。例如在練習保定的時候，先給貓咪瞬間觸碰毛梢等小小刺激，之後立刻餵食美味的獎勵。重複幾次之後，接下來稍微增加觸碰的力道，讓貓咪處於雖然全身放鬆，但卻有點不舒服的狀態，之後再給予獎勵。多做幾次，慢慢進展到用手整個壓住身體這個地步。運用妥當的話，貓咪感受到的壓力不僅非常微弱，而且反應還會和開心玩樂沒有兩樣。

讓貓咪有選擇權的醫療護理行為訓練

「要吃藥嗎？」聽到這句話時，大多數的貓咪應該都會落荒而逃，因為牠們最討厭吃藥了。貓咪是真的不喜歡吃藥呢，還是因為身體被摸而不高興呢？抑或，兩者皆是？

其實貓咪並不是那種吃東西時會細嚼慢嚥的動物，所以就吞藥丸這件事來說，只要沒有藥味，照理說應該不會排斥才是。貓咪之所以不喜歡吃藥，是因為被抓之後非但沒有好事還會被灌藥，也難怪牠們一看到藥就像見鬼一樣逃之夭夭。

「乖乖吃藥的話就會有獎勵，不吃的話就什麼都沒有。那你吃還是不吃？哪一個？」東西準備好，簡單地問貓咪這個問題，這就是醫療行為訓練。以餵藥為例，由於我們需要打開貓咪的嘴巴，因此要從觸摸牠的身體與臉開始練習，靠獎勵的力量讓貓咪忽略那些除了「把藥丟到嘴裡」之外會讓牠討厭的事。一旦學會這些之後，就可以讓貓咪自己選擇到底要不要吃藥。

不過醫療行為訓練有時卻會讓人誤以為是命令動物乖乖地接受所有治療。然而痛的時候就是會痛，不舒服的時候還是會不舒服，無論怎麼練習，都不可能讓動物達到無我的境界，所以還是要視情況搭配使用保定、麻醉劑與鎮定劑。記住一點，只要貓咪學會「如果能換來美味獎勵的話，我就忍耐一下吧」這樣的程度就可以了。

先從教導可愛的動作開始吧

雖然無意教導貓咪一些表演動作，但「如果」是醫療行為訓練的話就考慮試試看的人，極有可能會遭到挫敗，甚至造成貓咪負擔過重。畢竟醫療行為訓練在進行的時候，還是需要具備一些教導貓咪的技術，而且還得將失敗控制在最底限才行。

既然如此，我們不妨先從教導貓咪幾個可愛的動作，讓自己學會怎麼教這件事開始吧。純粹的教導比醫療行為訓練簡單，就算進行得不太順利，貓咪還是可以開開心心地得到獎勵，不會帶來任何不良影響，所以失敗也沒有關係。另外，飼主在練習如何教導貓咪的同時，藉由學習而知道只要行動就會得到獎勵的貓咪，同樣也會興致盎然地參與醫療行為訓練喔。

Part 6

預防不時之需的
玩樂準備篇

沒有什麼事比得上健康快樂地度過每一天，但是假想上動物醫院看病，或因為突如其來的災難而不得不避難等各種「緊急」情況的應對方式也是飼主的工作。另外，在日常生活當中，家裡的訪客有時也會對貓咪造成壓力。其實，只要擴大貓咪的生活經驗，牠們的壓力就會隨之減輕。既然如此，讓我們藉由各項遊戲體驗，讓貓咪的個性變得落落大方吧！接下來要介紹幾個可以實現飼主如此心願的遊戲項目。

其實我真的很想跟你一起玩的，喵～

習慣客人來訪

**即使是遇到訪客就會躲起來的無影貓，
只要讓牠覺得安心，還是可以克服怕生這個毛病。**

　　有客人來的時候，家裡的貓咪是不是常常不見蹤影呢？此時如果你心裡想「貓本來就是這個樣子啊」而置之不理的話，貓咪就太可憐了。貓咪是因為對那種情況感到害怕，所以才選擇躲起來（甚至對抗）。「既然會怕，那就幫牠準備一個地方讓牠躲」是其中一個正確做法，但這麼做只能治標不能治本。在這裡要大家思考的是，家裡的訪客真的有那麼可怕嗎？既然是客人，那就不會欺負家裡的貓咪，不是嗎？正因如此，我們更需要告訴貓咪「別怕，沒事喔」，讓貓咪在家裡有客人時也能夠過得安心，這一點非常重要。

【準備的東西・人】響片、零食（尤其是最喜歡的）、扮演訪客的人
【玩耍的頻率】盡可能頻繁地練習。習慣之後就一直持續吧！

Step
1

先準備一個貓咪可以安心躲藏的地方,這樣有客人來的時候,牠就不會覺得害怕了。在客人要進入房間之前,伸出食指,先誘導貓咪移動到那個地方。

Step
2

貓咪躲好之後,由你餵牠吃最喜歡的零食。如果貓咪不肯吃的話,就讓客人靜靜地離開。多挑戰幾次,總有一天會吃的。

Step
3

客人來的時候,如果貓咪主動觀察對方的話,就給牠零食。但不要用零食引誘牠出來,而是要鼓勵牠自己走出來。所以只要貓咪踏出一步,就按下響片,給予獎勵。

Step
4

當貓咪開始對客人感興趣時,先由你給牠獎勵。如果貓咪當場吃掉零食的話,就換客人給牠獎勵。給的時候不要看貓咪的臉,直接放在地上就好。

Step
5

當貓咪吃下客人擺在地上的獎勵時,就可以試著挑戰打招呼了。在貓咪面前伸出食指的時候,牠們通常會把鼻子湊近,嗅聞手指的味道,所以當牠們對客人食指感興趣或是用鼻子觸碰時,按下響片,給予獎勵。

Point

在進行這個遊戲項目之前,必須先向扮演客人的人詳細說明規則,並且嚴格遵守盡量安靜行動、不要一直盯著貓咪看、貓咪靠近時也不要看牠,更不要去摸牠這幾點,同時參考P122-123克服怕生個性這個部分的解說,練習的時候記得稍安勿躁。

問你喔，
這樣好看嗎？

習慣身上的配戴物　項圈、胸背帶

**平常就要練習穿戴項圈與胸背帶，
以備不時之需。**

　　很多貓咪不喜歡身上披掛東西，但一定要讓牠們平常就習慣穿戴項圈與胸背帶，以備不時之需。遇到那些不小心跑到室外或發生地震時不慎走失的貓咪，晶片固然可以派上用場，但能夠一看就掌握資訊的，其實還是掛在項圈上的名牌。為了讓貓咪遇到狀況時能夠獲得保護，建議飼主為貓咪戴上項圈、別上名牌。此外，不少人認為災害發生時，幫貓咪穿上對脖子負擔較小的胸背帶比較好。如果要繫上牽繩的話，當然建議使用胸背帶，因為牽繩扣著項圈時會對貓咪的脖子造成極大的負擔。為了讓貓咪習慣項圈與胸背帶，最好平常就讓牠們使用，如此一來，相信日後牠們看到這兩樣東西時會開心許多。

【準備的東西】項圈或胸背帶、舔舐類零食、玩具 ※如果有的話，也準備一隻練習用的玩偶（不是貓咪造型也OK）【玩耍的頻率】每天練習，直到學會，之後就偶爾複習一下吧！

胸背帶

Step
1

先用玩偶練習胸背帶的穿戴方式並且確認結構。市面上的胸背帶種類琳琅滿目，因此建議飼主先習慣如何穿戴。

Step
2

將舔舐類零食塗抹在剪開的牛奶盒上，趁貓咪舔食的時候，將胸背帶的項圈部分放在貓咪的脖子上或是圈起來，零食吃完後立刻卸下。

Step
3

當貓咪不在意戴著項圈時，拿出玩具陪牠玩耍，此時項圈也要戴著。也就是玩的時候戴項圈，結束之後就卸下。

Step
4

當貓咪習慣戴著項圈後，再幫牠穿戴上胸背帶身體部分的圈繩，依照Step 2與Step 3的方式，讓貓咪慢慢習慣身體部分的圈繩。

胸背衣

Step
5

將胸背帶項圈與身體部分的圈繩組合起來，重複練習Step 2與Step 3，直到可以一口氣將整個胸背帶穿戴在貓咪身上為止。

Step
1

方式同胸背帶，飼主先用貓咪造型之類的玩偶練習穿胸背衣，直到動作變得順暢為止。

Step
2

站在稍遠的地方，讓貓咪聽聽撕開魔鬼氈的聲音並且給予零食。之後再慢慢靠近，讓貓咪習慣這個聲音。

Step
3

與穿戴胸背帶的Step 2一樣，趁貓咪吃舔舐類零食的時候，把胸背衣穿戴在貓咪的身上，習慣之後就讓牠直接穿著玩玩具。

這裡很安全
可以放心喔，喵～

進入寵物外出籠

讓貓咪習以為常地
進入寵物外出籠吧！

　　你是不是認為，既然只有在去動物醫院的時候才會把貓咪塞入寵物外出籠，那麼牠們不習慣是理所當然的？其實貓咪是生性喜歡空間狹窄陰暗的動物，只要看到瓦楞紙箱或圓拱造型的床就會忍不住鑽進去。就貓咪的這個習性來看，讓牠們自己走進外出籠並不是一件困難的事。如果貓咪能夠毫不猶豫地踏進外出籠的話，對彼此來說，無論外出或前往醫院都會非常輕鬆。因此，告訴貓咪外出籠是一個門會關起來的物品就顯得非常重要了，否則萬一有一天籠門突然關起來的話，貓咪可能會嚇到不敢走進籠子裡。一起慢慢練習，讓貓咪習慣吧。

【準備的東西】寵物外出籠、毛巾、可以固定籠門的重物、零食
【玩耍的頻率】每天練習，直到學會，之後就每 2 ～ 3 天複習一下吧！

Step **1**

拆下外出籠的門，在裡面鋪上毛巾之後，撒上
許多貓咪喜歡的零食。觀察貓咪的反應，如果
牠進去吃的話，就追加2～3粒零食。當貓咪
自己進去找零食吃時，就可以進入Step 2。

Step **2**

趁貓咪不在籠子裡的時候裝上籠門。在這個階
段先不要把門關上，但得固定住籠門，避免突
然關上。裝上門之後，貓咪照樣進去裡面吃零
食的話，就可以進入下一個步驟。

Step **3**

追加零食的時候，其中一隻手放在門上。如果
貓咪不在意，繼續吃零食，就把門朝關閉的方
向移動1cm，然後立刻拉回原處，並追加零
食。1cm的距離重複5次之後，接下來以2cm
的距離重複5次，最後再慢慢把動作加大，讓
貓咪習慣。

Step **4**

當貓咪進入外出籠時，將門關到只剩一道狹窄的
縫。從可以隨時打開的門縫中塞入數次零食之
後，把門打開一半。貓咪吃完之後如果沒有走出
來的話，就把門輕輕關上，並且追加零食。

Step **5**

放入零食，關上門並扣上鎖扣。貓咪如果靠近
外出籠的話，就在地面前開鎖扣並把門打開，
讓牠進去。趁貓咪吃零食的時候，輕輕把門關
上，吃完之後再把門打開，並伸出食指誘導貓
咪走出籠外。練習時要慢慢減少零食的分量。

Step **6**

在籠子裡放入零食，把門關上。對貓咪說「進
去」之後打開門，貓咪進去的話就追加零食。
關上門，繼續追加零食，趁貓咪在吃的時候扣
上鎖扣，再立刻打開門，之後要不要出來，由
貓咪自己決定。

裝籠外出

**接下來要介紹將貓咪裝在寵物外出籠移動時，
不會過於搖晃而且又安全安心的抱法。**

　　你是否曾經想過，被關在外出籠裡移動的貓咪要忍受何等劇烈的搖晃？

　　坦白說，有次家裡的貓咪生病了，於是我把牠裝入布質外出籠裡背在肩上，走路去坐電車到醫院。當我到了醫院打開外出籠時，沒想到竟然看到貓咪的鼻子在流血。醫生觀察過後，發現是鼻子摩擦到透氣網，受傷出血了。原來外出籠在不斷搖晃的過程中，透氣網的部分碰撞到貓咪的鼻子。明明就是因為呼吸困難、喘不過氣來才帶牠去醫院，沒想到還讓牠的鼻子受傷，這讓我內疚不已。貓咪身體不舒服的時候並不喜歡出門，而且在外出籠還要忍受搖晃，不僅消耗體力，精神上也疲憊不堪。因此可以的話，移動時盡量不要讓外出籠搖晃吧。

【準備的東西】寵物外出籠、零食、毛巾（數條）
【玩耍的頻率】每天練習，直到學會，之後就偶爾複習一下吧！

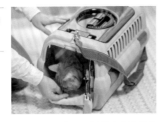

Step
1

在外出籠裡鋪上尿墊或毛巾等貓咪喜歡的東西。當貓咪不是因為飼主強迫,而是主動走進外出籠時,就犒賞牠零食(亦參考P105)。

Step
2

當貓咪安穩地坐在外出籠裡時,打開上蓋,將捲成長條狀的毛巾塞入貓咪左右兩側以固定牠的身體,並且追加適量的零食。

Step
3

塞毛巾的時候,要配合貓咪的體型大小與外出籠內的空間,確認塞好之後關閉上蓋。如此一來,在移動的過程當中,就可以避免籠子裡的貓咪搖晃得太厲害了。

Step
4

將毛巾整個蓋在外出籠上。蓋的時候,側面籠門的地方稍微留個洞,以便確認貓咪在籠子裡的樣子。另外也要從外出籠的縫隙追加適量的零食。

Step
5

移動外出籠時,要從下面整個抬起來。千萬不要忘記我們抱的是貓,不是貨物,所以抬的時候一定要小心謹慎,這一點非常重要!為了安全起見,外出籠的背帶要事先扣好並掛在肩上。

Step
6

練習把外出籠抱在身體前方,讓貓咪在這種狀態下也能夠吃零食。上醫院時或許不方便餵零食,但在回家的路上可以讓貓咪吃點東西,這時候不妨試著給牠們一些零食吧。

※外出的時候,籠子裡要保持讓貓咪感覺舒適的溫度,例如夏天可以在毛巾底下放保冷劑,冬天的話,就在底部放暖暖包。

被包起來了
好開心喔，喵～♡

毛巾遊戲

這個用毛巾把貓咪包住抱起來的遊戲，
在到了醫院要將貓咪從籠子裡抓出來的時候非常有用喔。

　　到了動物醫院之後，很多貓咪通常都不肯從籠子裡出來。這時候最好的方法就是稍微等一下，讓牠自己從籠子裡走出來。而萬萬不可行的，則是硬把牠從籠子裡拉出來。明明就已經很討厭來這裡了，還被硬拉出來，這樣只會讓貓咪在整個看診過程中反抗得更厲害，最後甚至演變成痛恨醫院。最近愈來愈常見的貓咪親善診所「Cat Friendly Clinic」如果遇到不肯從籠子裡出來的貓咪，通常會採取將外出籠上下拆開，然後把毛巾蓋在貓咪身上，將貓咪整個包住抱上看診台這個方法來應對。所以我們在家裡的時候，也可以練習用毛巾將貓咪包住，再從籠子裡把牠抱出來喔。

【準備的東西】可以上下拆開的寵物外出籠、毛巾（數條）、零食、以彈舌（P20）為暗示
【玩耍的頻率】每天練習，直到學會，之後就偶爾複習一下吧！

Step
1

將外出籠上下拆開，毛巾鋪在下層，放上零食之後，用另一條毛巾稍微蓋住外出籠。當貓咪毫不猶豫地把零食吃完時，就追加一些零食，但是上方的毛巾不要拿開。

Step
2

慢慢增加毛巾覆蓋外出籠的部分。蓋的時候，記得外出籠裡要撒滿零食，這麼做的目的是要讓貓咪就算全身被毛巾蓋住了，也能毫不介意地繼續在籠子裡找零食吃。

Step
3

相同步驟重複練習，直到貓咪為了找尋零食而不肯從籠子裡出來，或是出來之後又立刻鑽進去為止。貓咪正在吃零食的時候稍微掀開毛巾，並從各個角落追加零食。

Step
4

慢慢地用毛巾稍微包住貓咪。趁貓咪在吃零食的時候，把毛巾沿著外出籠的兩側稍微塞一些進去，並且確認貓咪是否仍毫不介意地吃著零食。

Step
5

接下來，用毛巾將貓咪的身體包得更服貼一些。以整個手掌撫摸貓咪身體側面，以便用毛巾將牠全身包起來，此時彈舌並給予獎勵。先包右邊再包左邊，盡量慢慢地撫摸兩側。

Step
6

用毛巾包住貓咪全身之後，整個前臂貼放在貓咪身上，把牠捧起來。剛開始先讓貓咪的腳稍微懸起，彈舌之後立刻放下，並且給予獎勵，之後再重複練習，慢慢地把貓咪抱起來。

文：青木愛弓

預防災害發生時的確認項目

檢查一下做不做得到 ✓

☐ 有沒有每天幫貓咪量體重，掌握牠的重量呢？🐾1

☐ 貓咪是否已經習慣被裝進寵物外出籠裡並且移動呢？

☐ 發生地震或警報響的時候，可以迅速把貓咪抱起來嗎？

☐ 打算在車子裡睡一晚的時候，是否曾經先讓貓咪練習車內生活呢？

☐ 更換了盛裝飼料與飲水的容器後，貓咪依然願意飲食嗎？

☐ 貓咪願意吃飼主直接拿在手上的零食與飼料嗎？

☐ 貓咪是否接受過以食物為獎勵的訓練呢？

☐ 找到貓咪一定會喜歡的獎勵了嗎？

☐ 是否有辦法利用零食與飼料控制貓咪一直叫個不停之類的問題行為？

☐ 貓咪的飼料至少有一個月的庫存嗎？

☐ 貓咪有辦法在人前表演動作有點可愛的才藝嗎？🐾2

☐ 貓咪親人嗎？🐾3

☐ 貓咪可以長時間與家人之外的人相處，或讓別人照顧一段時間嗎？🐾4

☐ 貓咪不會挑食，什麼品牌的飼料都願意吃嗎？🐾5

☐ 是否曾練習讓貓咪一叫就來呢？

☐ 是否曾讓貓咪練習呼喚飼主呢？🐾6

☐ 房間裡是否擺了外出籠以作為貓咪可以安全躲藏的避難場所呢？🐾7

COMMENT

🐾1 平日養成測量體重這個習慣的話，就可以知道貓咪健康時有多重了。如果想要了解貓咪的身體狀況有沒有什麼變化，體重會是一個相當實用的指標，因此掌握牠們健康時的重量非常重要。所以一邊開心地與貓咪玩耍，一邊練習讓貓咪趴在體重計上，養成測量體重的習慣吧。

🐾2 萬一住進避難所的話，這會是一個人見人愛的訣竅，非常實用喔。

🐾3 讓貓咪成為萬人迷吧。貓咪不小心逃跑時，如果個性夠親人，就可以增加獲得救助的機會。

🐾4 預防需要請人暫時照顧貓咪，一定得事先練習的事情。最終目標就是讓貓咪不管在哪裡都吃得下飯，能夠安心度日。站在飼主的立場來看，或許會因為貓咪沒那麼在乎自己而有點失落，但這樣卻可以增加貓咪存活的機會。

🐾5 避難生活通常無法指定飼料的製造商與品牌，所以最好事先訓練貓咪吃市面上流通量較多的飼料。

🐾6 聽到貓咪叫就回應的躲貓貓遊戲在態度嚴謹的寵物教養圈中稱為犯規技巧，不過我是輕鬆訓練推崇派的，所以常常對貓咪這麼做。訣竅是聽到貓咪可愛的叫聲時就回應。1：貓咪用可愛的叫聲呼喚時，飼主要立刻跑到牠的身旁或是回應牠。2：呼叫貓咪的名字時，如果有回應，就立刻過去牠身旁。不管是1還是2，如果飼主只出現在貓咪面前，但貓咪的行動次數卻沒有因此增加的話，那就給牠一些零食當做獎勵吧。躲貓貓遊戲只要事先練習以上這兩種類型，並在結束之後直接把貓咪抱起來的話，需要的時候就可以派上用場喔。

🐾7 這就和學校進行避難演習時，要學生練習躲到桌子底下一樣。貓咪習慣後，當牠們遇到緊急狀況時，就會主動跑進外出籠裡避難，最後只要把籠門關上就可以了。這是最迅速又安全的收容方法。畢竟有不少貓咪會因為門窗壞掉而跑出去，然後迷路回不來，所以建議大家多讓貓咪練習這個項目。

文：青木愛弓

有備無患，難嗎!?

我家的毛小孩做不到？沒必要？

前一頁的確認項目，是我根據2016年熊本地震發生之後刊載在自己Facebook上的內容加以改寫而成。不管狗或貓都一樣，不過在Facebook上有許多人，尤其是養貓的人，都會覺得家裡的毛小孩怎麼可能做得到。

不僅如此，就算向那些飼養年輕健康貓咪的新手飼主說明這些訓練對於管理貓咪的健康非常有幫助，我想他們應該也是無法理解。

無法忘卻貓咪與病魔奮鬥時遺留的悔恨

對醫療護理行為訓練有興趣的飼主，絕大多數都曾有過自家愛貓與病魔奮鬥的經驗。想必他們是察覺生病帶來的不適，以及看診與看護的壓力對貓咪造成負擔，因而體認到應該在貓咪身體狀況還不錯的時候，就及早準備，以防萬一。

震災的防備訓練亦是如此。尤其是貓咪，受到驚嚇就會躲起來，再加上餘震頻頻，飼主根本沒有辦法進入屋裡找貓。萬一門窗壞掉，貓咪就此跑出去迷了路的話，遭逢意外的機率可是比狗還要高。為了避免這種讓人擔心、無法挽回的局面發生，身為飼主的我們一定要牢記事前準備的重要性。

觸摸貓咪身體的話
就可以早點發現了……

點眼藥水時
硬壓住貓咪的
身體……

最討厭去醫院了……
尤其是被塞進洗衣袋裡
帶著去，超不舒服的……

雖然明白，卻不肯力行的理由

不管家裡的貓咪多健康，牠們終有一天會老、會生病，這是可以預想而知的。至於意外災害，也要留意隨時都有可能發生。上述情況，只要事先模擬練習，相信飼主就會明白那對貓咪是有幫助的。然而付諸實行卻是如此困難。

其實我們的一舉一動，同樣會受到行動之後所發生的事情影響。為了防範未然而教導的那些行為非但不會立刻發揮作用，很多時候還根本沒有派上用場突發狀況就結束了。也就是說，我們在教導且有所行動之後什麼都不會改變，所以才會無法重複那些教導的行為。

然而，可以預測各種情況並且防範未然的，就只有我們這些身為人類的成人。既然要教貓咪做出可愛的動作，那麼不管是教的過程還是貓咪學會了，對我們來說都是一種獎勵，所以無論開始或持續，其實都不如我們所想的那般困難。

只要好好練習，一定會有所收穫

練習的時候，想要模擬災害時的狀況根本就不可能，練習畢竟是練習，不能跟實際情況相提並論。更何況醫療護理行為訓練不管在家練習多少次，到動物醫院看診或治療的時候，還是會出現一堆貓咪不受控制的情況，想要讓牠們平心靜氣，乖乖地給醫生看，這個門檻應該是不低。

但是教導貓咪做出可愛動作、練習社會化，除了生病之外，多帶貓咪上醫院做健康檢查等，給貓咪機會學習，不但可以縮短牠們習慣新事物的時間，還能夠在發生狀況時做出適當的應對措施，好處不勝枚舉。這些搭配獎勵的訓練看起來似乎是在慵～懶地陪貓咪玩，但其實卻能讓牠們培養出更有朝氣的生存能力喔。

Before

After

吃藥了喔～

藥袋
小O

不管是吃藥的
還是餵藥的都很累……

Part 7

關於陪伴貓咪玩樂的Q&A及彙整篇

練習的時候，若是遇到瓶頸或有疑慮的話，可以參考這一章介紹的
Q&A，並且回到Part 1，從基礎練習重新檢視。至於家裡的寶貝貓咪
已經學會之前介紹的遊戲項目的人也不要就此歇手，一定要繼續每天
複習，陪貓咪玩耍。如果貓咪對常常玩的遊戲感到膩了，那麼不妨把
好幾項遊戲組合成一個新的遊戲，再次挑戰也不錯。只要和貓咪一起
努力學習，相信這一切都會化為美好的回憶。

Q1 家裡養了好幾隻貓咪，可以所有的貓咪一起練習遊戲嗎？

A-1 遊戲項目（響片遊戲）最好是貓咪和飼主一對一練習喔！

為了讓貓咪清楚了解規則，原則上這些遊戲項目都要一隻一隻地進行。另外，讓貓咪與飼主建立一對一的關係也是非常重要的事。有些家裡養了好幾隻貓咪的飼主曾經反應「只有一隻的話，就會連零食也不肯吃」，不然就是要開始進行響片遊戲的時候，所有的貓咪都不理人。平常這個樣子或許沒有關係，但有件事大家要好好想想。

假設家裡的貓咪出現了異常狀態，有一隻被單獨關在其他房間裡而導致牠不肯好好地吃飯。如果就這樣置之不理的話，萬一遇到必須利用處方飼料好好控制飲食或住院的情況（不僅這隻，還包括其他貓咪在內），可能就無法要求牠們乖乖吃飯了。倘若無法掌握貓咪是因為身體不舒服吃不下飯，還是因為被隔離等環境變化而不肯吃飯的話，那就更糟糕了。但是，如果能夠透過訓練，「好好地與每一隻貓咪獨處」，那麼上述的問題都能迎刃而解。所以，從現在開始好好地與貓咪一起練習吧。

接下來輪到我喔～

Q2 家裡的貓咪原本就對零食沒什麼興趣，所以遊戲根本無法好好進行。有沒有什麼其他的好方法呢？

A-2 利用零食以外的事情讓牠開心也是方法之一。

除了零食，找到寶貝貓咪最喜歡的事情也能夠在各種場合派上用場。儘管希望能夠在食物當中找到貓咪的最愛，不過，牠們還是會有其他喜歡的事物，是吧？例如有的貓咪喜歡人家摸牠的下巴，有的則喜歡讓人搔抓，有的甚至非常愛人家拍拍牠的腰……。每隻貓咪喜歡的事物都不同，就算對零食不感興趣也沒關係，做這些可以讓牠開心的事，一樣能夠當做獎勵犒賞喔。

另外，貓咪吃飯的時間一定要固定。如果採用任食制，讓牠想吃就吃的話，除非拿出極為美味的零食，否則貓咪恐怕不會覺得食物是一種獎勵。或許就是這個原因，有些貓咪才會對零食興趣缺缺。不過在貓咪習慣以前或是挑戰難度較高的遊戲時，還是可以為牠們準備特別的獎勵。但最好的方法就是抓好一天要餵食的分量之後，從中取出一部分當做獎勵。

Q3 家裡的貓咪正在減肥，這樣還可以餵牠吃零食嗎？

A-3 只要從一天餵食的分量中取出一些，就可以讓牠們精神飽滿地努力挑戰喔！

經歷過的人應該都明白，減肥（飲食限制）通常會令人痛苦到一整天都在想吃的事，所以減肥期間吃的零食格外讓人覺得幸福，貓咪也一樣，因此本書中用到零食（獎勵）的遊戲項目對於正在減肥的貓咪來說，不但不會造成不良影響，反而可以讓牠們眼睛一亮、神采奕奕。事先量好一整天餵食的分量，零食便從當中取出一些，如此不僅玩遊戲時可以派上用場，倒一些在益智餵食器裡的話，還能夠讓牠們多花一些時間把裡面的零食挖出來吃。這樣不但能紓解貓咪減肥的痛苦，遊戲也會玩得更起勁，減肥說不定也更容易成功。

Q4 醫生建議貓咪攝取處方飼料。那麼可以給牠什麼當做獎勵呢？

A-4 從平常的處方飼料當中取出部分當做零食吧。另外也建議準備一些口感不同的食物當做獎勵。

當貓咪的健康出現問題時，有些事情可能就無法讓牠做。但如果家裡的貓咪連處方飼料也能夠毫不猶豫地一掃而光的話，那麼讓牠玩那些利用食物當做獎勵的遊戲項目是沒問題的。先量好一整天餵食的分量。接下來取出今天遊戲進行時要給的量並裝入保鮮盒中，這樣在玩遊戲的時候，就可以把平常給的處方飼料當做零食來犒賞貓咪了。

倘若當天的遊戲結束時零食還有剩的話，可以一併倒入晚餐中給貓咪吃（為了避免這種情況連日發生，有空的時候盡量多陪貓咪玩吧）。

另外，改變食物口感的話，有時候貓咪會吃得很開心。所以就算是配合疾病而特地調製的處方飼料，也未必要侷限在某個廠商生產的產品。不僅如此，即使是成分相同的處方飼料，有的也會提供乾食與濕食這兩種選擇。假設平常是給貓咪吃濕食的話，那麼零食就可以選擇乾食，光這樣區分使用，說不定就能讓貓咪產生興趣。而除了向獸醫說明情況之外，還要記得順便詢問有沒有其他適合貓咪吃的食物。

好開心喔～
不一樣的耶

可以將乾食（左）與濕食（右）這類口感不同的食物區分使用喔！

Q5

**家裡同時養了幼貓與8歲的成貓。
進行那些遊戲項目時，如果不從幼貓時期開始教的話
是不是就很難上手啊？**

A-5　不管是從成貓還是幼貓開始，統統都沒問題。

很多人都會問：「一定要幼貓才有辦法教會，對嗎？」然而當我還是使用響片訓練貓咪的初學者時，曾經和好幾隻貓咪一起進行響片遊戲，我當時發現「訓練幼貓比較困難……」。或許應該說成貓比較穩重，可以配合飼主的步調進行遊戲，所以身為初學者的人與成貓一起開始練習的話會比較好。

貓咪如果還小，就給牠玩具讓牠好好運動，並且在遊戲項目當中挑選活動力最強的來進行。至於需要貓咪乖乖待著
不動的醫療護理行為等項目，就等幼貓
盡情玩過，開始昏昏欲睡的時候再來慢
慢進行。此外，一定要趁貓咪還小的時
候讓牠們習慣家裡有訪客這件事（請參
考P100）。細心教導的話，即使是成
貓也能變得親人，不過幼貓會適應得比
較快，而且心理上也比較不會有負擔。

Q6

**貓咪一看到零食就失心瘋，遊戲根本無法進行下去，
有沒有什麼好方法可以解決呢？**

A-6　讓牠吃飽飯後再玩遊戲就可以了。

對零食有興趣的貓咪雖然會比較快記住遊戲的玩
法，但有些貓咪卻是把零食放在牠們面前時，反而會
興奮到完全無法進行遊戲。遇到這種情況，不要給零
食，而是將平常餵食的飼料當做獎勵給貓咪。倘若這
樣牠還是興奮得不得了的話，那就等貓咪吃飽飯之後
再進行遊戲。如果是已經學會，只是為了複習而進
行，或是每天都要做的遊戲的話，那就給貓咪平常吃
的飼料，如果是第一次或是要挑戰有點難度的遊戲項
目的話，那就給牠比較美味的零食吧。

集大成的訓練法 空手奪白刃

之前的遊戲項目全部都學會了之後，
就可以試著挑戰堪稱本書遊戲項目集大成的精湛技術。

　　空手奪白刃是飼主伸出手刀讓貓咪抓住的遊戲，因此兩者之間如果沒有配合好的話，遊戲就會失敗。

　　只要曾經認真學習本書介紹的各項遊戲項目，那麼學會最後這個綜合了多項技巧的空手奪白刃應該就沒什麼問題。先讓貓咪能左右開弓，可以在站立的狀態下，分別用兩隻前腳擊掌，這樣就算突破第一關。接下來，當你想找貓咪玩響片遊戲時，只要牠雀躍又興奮地看著你，那麼第二關也算突破！一旦能夠與貓咪合作無間地達成這個項目的話，相信貓咪和你之間的溝通一定沒有問題。

【準備的東西】響片、零食
【玩耍的頻率】每天練習，直到學會，之後就偶爾複習一下吧！

Step **1**

先複習擊掌。讓貓咪學會無論是用左前腳還是右前腳都能擊掌。如果無法順利進行的話，就從P33介紹的擊掌開始複習。

Step **2**

讓貓咪學會抬起其中一隻前腳，在高處擊掌。練習數次之後，改成讓貓咪拍打手背擊掌。只要貓咪拍打到飼主的手，就按下響片，給予獎勵。

Step **3**

左前腳和右前腳交互練習擊掌。此時也一樣，只要貓咪觸碰到手，就一定要按下響片，給予獎勵。伸出手掌時，感覺就像是劃下手刀，伸出的位置要稍高。

Step **4**

重複Step 2與3，讓貓咪更容易伸出兩隻前腳。剛開始只要貓咪的兩隻前腳一起伸出就可以按下響片，給予獎勵，不需要等到牠夾住手掌。相同步驟重複練習數次，直到動作變得順暢為止。

Step **5**

舉起手刀，喊「空手」給予貓咪暗示。接著說出「奪白刃！」，並且劃下手刀，貓咪如果伸出兩隻前腳夾住的話，就算成功。貓咪做到的時候要稱讚牠是「乖孩子」，並且給予格外美味的獎勵。

Point

貓咪如果怎樣都站不起來的話，就將手指伸在上方，讓牠再練習一次「站立」（P49）。貓咪如果伸出前腳觸碰到食指，就可以按下響片。也就是一邊誘導貓咪做出與空手奪白刃有關的動作，一邊讓貓咪學會這項遊戲。

克服怕生的個性吧

千萬不要因為貓咪怕生就放棄！

在這本書當中，我家那隻擔任模特兒的寶貝貓咪「喵丸」，雖然現在面對鏡頭一副老練的模樣，有客人來訪時也落落大方，但其實在接受響片訓練之前，牠可是一隻看到訪客就躲得讓你找不到、非常怕生的貓咪。許多貓咪都會怕生，非常害怕來訪的陌生人。但如果你覺得貓咪本來就是這樣的話，那就錯了。貓咪其實可以習慣家裡有訪客的。而且這件事與接納獸醫及寵物保母息息相關。為了讓貓咪在飼主外出或是請獸醫看診時能夠減輕一些心理負擔，平常的日子裡更需要讓牠們習慣家裡有訪客。

喵丸克服怕生之路

從前非常怕生的喵丸在 4～5 歲左右、有次客人來訪時，鑽到暖桌底下躲了起來。接著，兩位客人和我們夫妻倆圍坐著暖桌談笑風生將近一個小時。客人離開之後，過了一段時間，喵丸雖然從暖桌下走了出來，但情緒卻一直不太穩定。更糟的是，牠還把外出剪髮剛回來的丈夫誤以為是客人，整個陷入恐慌之中！自此之後，我便開始認真覺得家裡有訪客時，最好是能夠為喵丸準備一個可以躲藏的地方，這樣會比較好。

在那之後過了一段時間，喵丸（當時 7 歲）開始玩響片遊戲，結果就此愛上響片，並且學會了不少技巧。看見喵丸會表演這麼多才藝，我忍不住想要秀給大家看。無奈怕生的喵丸在客人面前卻是一隻不見蹤影的無影貓……。於是我開始思考對策，此時腦子裡冒出了一個點子，那就是讓貓咪覺得「客人＝美味零食」。

反正喵丸已經知道「響片的聲音＝美味零食」這個規則了，再加上牠又非常喜歡玩響片遊戲，既然如此，那麼這次教會牠「客人＝美味零食」，問題不就迎刃而解了嗎？話雖這麼說，這個「客人＝美味零食」教起來卻不是那麼簡單，而且遲遲沒有進展，因此成了我認真研讀「行為模式」的契機。

為了讓貓咪記住「客人＝美味零食」

　　對於原本就非常怕生的喵丸而言，「訪客」其實是「非常討厭又令人害怕的東西」。如果只是用一點點美味的零食，就企圖讓貓咪將其與訪客畫上等號的話，這個如意算盤未免也打得太完美。響片的聲音對貓咪來說，本來就是「平淡無奇，毫無意義的聲音」。「按下響片之後給予零食」，也就是「響片聲＝美味零食」這個模式，與客人來的時候給予零食，也就是「最討厭的訪客＝美味零食」這個模式是兩件截然不同的事情。

　　讓貓咪習慣某件事情所採用的方法，通常會搭配醫療護理行為訓練（請參考P96-97）；如果是要貓咪習慣牠最討厭或令牠害怕的事情，那就要把那些刺激分解至最底限。但「訪客」是要怎麼分解呀……。儘管如此，我們還是要在讓貓咪覺得「雖然有點不安，但還可以接受」的範圍內練習，如果不這麼做，只是一味地要貓咪忍耐的話，那就只是滿足了人類自己。因此我會建議大家利用請寵物保母幫忙這個方法。雖然也可以拜託朋友協助，但對方如果是寵物保母的話，就能以工作的名義委託他們，這麼做最大的好處就是即使見不到貓咪，甚至飼主也不在身旁也不會有問題。

利用響片提高人類與貓咪之間的信賴關係

　　就步驟而言，剛開始為了不讓貓咪對扮演客人的寵物保母感到害怕，最好先為牠準備一個安全的場所（藏身之處）。因為貓咪在習慣陌生人之前，如果能夠有個地方躲藏的話，牠會比較安心。習慣客人來訪的遊戲項目在P100-101已經介紹過了，此時不妨搭配這個遊戲內容來使用響片。只要是能夠與飼主一同進行響片遊戲的貓咪，當響片發出咔噠聲時，就能夠告訴牠「這麼做沒錯！靠近這個人是正確答案！」接下來，如果客人（寵物保母）也按下響片的話，那麼貓咪一定會在心裡想：「啊，這個人也會玩一樣的遊戲嗎!?那麼應該可以和他一起玩吧♪」。

　　要如何與無法用語言溝通的動物盡快建立良好關係呢……？當這個念頭出現在腦子裡的時候，最有效的方法應該就是響片遊戲這種雙方都能理解的遊戲了。為了讓貓咪克服怕生的問題，我希望身為飼主的人能夠先試著與家裡的貓咪一同開心地玩響片遊戲。

在一起好開心，喵～

不是為了【學會】，
而是為了樂在【學習過程】的遊戲

　　請大家先把這本書介紹的響片遊戲當做是比手畫腳（兩人一組的猜謎遊戲），實際思考一下要怎麼做才能夠用最簡單的方式將訊息傳達給對方（貓咪）。傳達一件事情的方法其實有很多種，是吧？在這當中，哪一種方式對自己這一組（飼主與貓咪）來說比較容易了解、比較容易將訊息傳達給對方，這些都要一一嘗試才行。而在重複挑戰這些遊戲項目的過程中，飼主與貓咪也會跟著訂下雙方都能輕鬆理解的遊戲規則。正因為是共同制定的，因此最後一定會與飼主心目中最理想的醫療護理行為訓練相連接。

　　「共同制定」這個過程會比「學會」來得有意義，所以我希望大家能夠試著挑戰「思考要怎麼做才能夠讓貓咪學會」、「要怎麼樣才能夠將想說的事情傳達給貓咪知道」，而不是把焦點放在「學會」。這本書就是告訴大家如何做到這些的參考書。即使書中提出了一個方法，那也只不過是其中一個例子、點子與提案。我希望大家能夠從中得到靈感，讓貓咪與自己在進行遊戲時做更多嘗試與變化，並且藉由自己的方式，透過進展得愈來愈順利的經驗，逐漸加深與貓咪之間的感情。常聽到有人說「要先奠定信賴關係」才能夠進行訓練，然而事實並非如此，訓練真正的目的應該是「為了締造信賴關係」。

　　所以，就請大家與家裡的貓咪共同一一挑戰本書介紹的各種遊戲項目，從中找尋對雙方而言最容易了解與傳達的方法。而這段找尋的過程就是溝通。前面之所以會提到不是要貓咪學會，而是要與貓咪溝通，其意義正是在此。這本書只不過是提議大家幾個選擇方案。萬一做不到，就試著分析原因，與貓咪一起找尋解決方法。取悅貓咪的獎勵準備好了嗎？是否能夠發出簡單向貓咪傳達「你答對了！」的暗示呢？架構遊戲內容的時候是否循序漸進，好讓貓咪不會感到負擔？這些重新檢視時必須注意的地方，在這本書裡統統找得到。為了與貓咪相處得更融洽，大家一定要從科學的觀點，好好掌握與貓咪溝通的技巧。

　　最後要和大家聊一件我家的事……。我的第一隻貓咪叫做「Myu」。這是我多年來期盼已久的貓咪。光是拚命想牠的名字，就足以成為一段美好的回憶。當時的Myu小到一隻手就可以抓起來，而且還是我用奶瓶慢慢餵大的。不過最令人費心勞力的還是副食品。「這是為Myu做的！」這句話是我當時的口頭

一起加油吧！
喵～
Fight, wow！

禪，而且還故意一邊說給Myu聽，一邊硬餵牠吃副食品。

　　之後抱回來養的另外一隻貓（Yamato）生病的時候，我的口頭禪依舊是「這是為Yamato做的！」當時的我，同樣一邊這麼說，一邊把Yamato塞進外出籠裡上醫院，而且還每天硬把大顆藥丸灌入牠的嘴裡。儘管曾經這麼想「老做這種事的話，會被Yamato討厭的……」，但當時只一心期盼牠能夠趕快好起來。學會響片遊戲雖然好處不少，但其中真正值得高興的，是我終於知道家中每一隻貓咪的喜好。所以當家裡的寶貝貓咪Tetora被醫生宣告時日無多時，我才能夠在Tetora僅存的日子裡給牠喜歡的東西。這麼做不只是為了Tetora，也能讓自己的心有後盾。可以為貓咪做的事，是在牠有活力的時候預做準備，而不是等牠身體不舒服了才設法解決。

　　「我是貓奴」就算是會這麼自我介紹的人，萬一遇到貓咪發生狀況的時候，還是會以「為了貓咪」之名，強行逼迫貓咪。貓是沒有辦法調教的，訓練什麼的根本就不可能。在如此成見之下，人類於日常生活中完全忽略了一些教導貓咪的方法，更別說一些可以讓貓咪接受的方法。你是不是不給貓咪學習的機會，硬逼牠們做一些不喜歡的事情，而且最後只丟出一句「沒辦法，這一切都是『為了貓咪』」來做結論呢？如果是，那真的是非常可惜。我希望把這本書拿在手上以及看了這本書的人，能夠真正地「為了貓咪」採取行動。不是等到了那一天才說「我這是為你好」、霸王硬上弓，而是在平常的日子裡一邊與貓咪同樂，一邊為了那一天的到來預做準備，並且在這個過程中加深與貓咪之間的感情。我相信這麼做，一定會在彼此心中留下美好的回憶。就請大家放心開心地挑戰，倘若有一天能在某處聽到大家的故事，那麼我就心滿意足了。

每天都要練習
踩腳遊戲喔，喵～

坂崎清歌

Thanks Cats

接下來要介紹挑戰遊戲項目1～28的貓咪
以及讓我們拍攝牠們可愛模樣的貓咪！

喵丸 ♂
作者坂崎清歌的寶貝貓咪兼最
佳拍檔。雖然高齡17歲，卻
是最愛響片的才藝貓。

茶亞 ♂
坂崎家長男，年近19歲。最
迷人的地方，莫過於下垂的眼
角與豐富的表情。

大吉 ♂
以修長的身體為特徵。體型雖
大，個性卻溫文儒雅，我行我
素，十分黏人。

皮可 ♂
每天的功課，就是高高舉起蓬
鬆的尾巴在家裡閒逛。最喜歡
人家拍打牠的腰了♡

Kiki ♀
最喜歡冷凍雞肉乾。玩耍的時
候最愛雷射類玩具。

吉吉 ♂
擁有十分優秀的跳躍能力。擅
長跳得高高抓主人伸在頭頂上
的那隻手。

影虎 ♂
個性不太像文靜又怕生的藍
貓。愛撒嬌&貪吃。

烏布 ♀
迷人的捲耳。黏人、任性又傲
嬌的大小姐。

一球 ♂
以俏皮捲起的貓耳為特徵。最
討厭別人抱我了，喵～

小粒 ♀

和爸爸（一球）相似的可愛捲耳。好奇心旺盛，個性非常親人，人見人愛♡

直角 ♂

遺傳自媽媽的大嗓門。個性膽小食量大，是一個超級黏人、非常愛撒嬌的孩子♡

走太 ♂

擅長拉開拉門或抽屜。雖然調皮，卻是一個超級黏人的男孩。

梅爾 ♀

照片右邊的貓咪——茶瑪的姊姊。雖然是女孩，卻非常愛玩，而且精力充沛又活潑。

茶瑪 ♂

照片左邊的貓咪——梅爾的弟弟。個性強勢，討厭讓人抱的調皮蛋。

阿瑟拉 ♀

大大的眼睛與小小的臉蛋十分可愛，什麼都要獨占的大小姐。擅長跳到人肩上♡

坦佩 ♂

愛吃鬼一個！不怕生，非常親人！而且最最喜歡響片與新遊戲♡

貝貝 ♀

個性成熟穩重的小女生。擅長一邊跳躍，一邊雙手抓取零食來吃。

B ♀

什麼都要搶第一，不然就會鬧脾氣的大小姐。擅長做出可愛的招財貓動作。

塔比 ♀

不脫原有的浪貓性格，看到吃的精神就來。擅長接受訓練，喵～。

乃志子 ♀

客人心目中排行第一的撒嬌鬼。有訪客時，接待的工作就交給我吧，喵～♡

社長 ♂

熱愛玩耍的肉體派男孩。好奇心旺盛到連拍攝時也對相機及人群感到好奇不已。

執筆者簡介

坂崎清歌

貓咪行為訓練師。開辦以與貓咪溝通、管理健康、提升生活品質（QOL）及減輕壓力為訓練目標的教室「Happy Cat」。

「Happy Cat」http://happycat222.com/

青木愛弓

動物行為顧問。以應用行動分析學（ABA）為基礎，為生活在動物園、水族館與一般家庭中的動物提供諮詢，進而提升牠們的生活品質（QOL）。有《インコのしつけ教室》、《遊んでしつけるインコの本》（皆為誠文堂新光社）等著作。

負責企劃本書，並執筆撰寫Mini Lecture中的P26-29、P42-43、P78-79、P96-97，以及P110-113。

「愛弓實驗室（あゆみラボ）」http://ayumilab.com/
個人facebook帳號 ayumi.aoki3

日文版工作人員

攝影：石原さくら
（Sakuraquiet Photo & Cattery, Eocytes, inc.）

設計：宇都宮三鈴

插畫：camiyama emi

編輯協助：三橋利江（ミントクラウン）

訓練協助：細谷純子
（ペットシッター J・ファミリー）

攝影協助（按50音順序）：神崎慶子、
村上瑠衣、渡邉純子

物品提供：株式會社 Levi（P19訓練零食袋）

貓咪的第一本遊戲書

玩出親密與紀律！

2018 年 1 月 1 日初版第一刷發行
2023 年 9 月 1 日初版第四刷發行

作　者	坂崎清歌、青木愛弓
譯　者	何姵儀
編　輯	陳映潔
特約編輯	劉泓葳
美術編輯	黃盈捷
發行人	若森稔雄
發行所	台灣東販股份有限公司

　　　　＜地址＞台北市南京東路4段130號2F-1
　　　　＜電話＞(02)2577-8878
　　　　＜傳真＞(02)2577-8896
　　　　＜網址＞www.tohan.com.tw

郵撥帳號	1405049-4
法律顧問	蕭雄淋律師
總經銷	聯合發行股份有限公司

　　　　＜電話＞(02)2917-8022

國家圖書館出版品預行編目資料

貓咪的第一本遊戲書：玩出親密與紀律！
/坂崎清歌、青木愛弓著；何姵儀譯.
– 初版. –臺北市：臺灣東販, 2018.01
128面；14.8×21公分
ISBN 978-986-475-555-4（平裝）

1.貓 2.寵物飼養

437.364　　　　　　　　106022876

NEKO TONO KURASHI GA KAWARU
ASOBI NO RECIPE
© Kiyoka Sakazaki / Ayumi Aoki 2017
Originally published in Japan in 2017 by
Seibundo Shinkosha Publishing Co.,Ltd.
Chinese translation rights arranged through
TOHAN CORPORATION, TOKYO.